U0646013

高 等 院 校 信 息 技 术 系 列 教 材

无线网络与物联网
实践教程

江先亮　金光　编著

清华大学出版社
北京

内 容 简 介

本书是《无线网络技术(第 5 版)——原理、应用与实验》(ISBN 978-7-302-64410-1)的配套实验教材,帮助读者提升无线网络与物联网相关实践动手能力。全书分 15 章,实验内容涉及无线网络与物联网仿真实验环境搭建、无线局域网隐藏和暴露终端、无线局域网视频传输、无线自组网路由协议、低速无线个域网、无线自组网攻击、低轨卫星通信、蜂窝通信网络数据传输、无线车联网、无线网络信号测量、无线室内外定位应用、无线短距离数据传输、无线传感网组网、低功耗广域物联网数据传输、无线体域网健康监测等。

本书突出实践特色,电子资源丰富,备有配套实验教学视频,便于读者反复观看学习。

本书可作为网络工程、物联网、计算机、通信、电子、自动化、信息安全、网络空间安全等专业的本科生、研究生相关实验课程教学用书,也可供相关领域工程技术人员参考。

图书在版编目(CIP)数据

无线网络与物联网实践教程 / 江先亮,金光编著. --北京:清华大学出版社,2025.5.
(高等院校信息技术系列教材). -- ISBN 978-7-302-69219-5
Ⅰ. TN92;TP393.4;TP18
中国国家版本馆 CIP 数据核字第 2025WT1160 号

策划编辑:白立军
责任编辑:杨 帆
封面设计:常雪影
责任校对:韩天竹
责任印制:宋 林

出版发行:清华大学出版社
   网 址:https://www.tup.com.cn,https://www.wqxuetang.com
   地 址:北京清华大学学研大厦 A 座   邮 编:100084
   社 总 机:010-83470000   邮 购:010-62786544
   投稿与读者服务:010-62776969,c-service@tup.tsinghua.edu.cn
   质量反馈:010-62772015,zhiliang@tup.tsinghua.edu.cn
   课件下载:https://www.tup.com.cn,010-83470236
印 装 者:三河市龙大印装有限公司
经 销:全国新华书店
开 本:185mm×260mm   印 张:13   字 数:312 千字
版 次:2025 年 6 月第 1 版   印 次:2025 年 6 月第 1 次印刷
定 价:49.00 元

产品编号:109862-01

前言

《无线网络技术——原理、应用与实验》（第 1～3 版名为《无线网络技术教程》，第 4、5 版更为现名）出版以来，受到广大师生好评，已被 300 多所高校选用。该书除理论知识外，还提供了配套《实验手册》（可免费下载），包含多项仿真实验和实测实验。

随着教材覆盖面和影响力逐步扩大，越来越多的师生读者不断反馈，希望能提供更加专业和规范的实践教程，提升动手实践能力。作者也认识到，原《实验手册》作为理论教材的附录，内容细节等还不够规范，对具体课程教学过程的指导性需要重新设计和完善。

随着时间推移，各种无线网络技术发展日新月异。相当一部分原有实验项目对应的技术老化陈旧，其教学意义也相应淡化。而一些新技术脱颖而出，需及时设计、增加相对应的新实验项目。鉴于此，在原有《实验手册》的基础上，作者重新设计了实验教学体系，编写了本书，适合 16～32 学时的实验（实践）教学环节。

本书包含 15 章，分为仿真和实践两部分，分别对应不同的实验项目。

第 1～9 章为侧重技术原理和特点分析的仿真实验：第 1 章构建无线网络与物联网仿真环境；第 2 章为无线局域网隐藏和暴露终端仿真；第 3 章为无线局域网视频传输仿真；第 4 章为无线自组网路由协议仿真；第 5 章为低速无线个域网仿真；第 6 章为无线自组网攻击仿真；第 7 章为低轨卫星通信仿真；第 8 章为蜂窝通信网络数据传输仿真；第 9 章为无线车联网仿真。

第 10～15 章为侧重动手能力训练的实操性实践：第 10 章为无线网络信号测量实践；第 11 章为无线室内外定位应用实践；第 12 章为无线短距离数据传输实践；第 13 章为无线传感网组网实践；第 14 章为低功耗广域物联网数据传输实践；第 15 章为无线体域网健康监测实践。这些实操性实践需配备相应电子元器件，书中详细列明了相应的低成本硬件名称和规格，方便读者自购。

本实践教材配套电子资源可从清华大学出版社网站或"无线网络技术教学研究平台"免费下载，供教学使用，但不得用于商业用途。

本书获浙江省普通本科高校"十四五"第二批四新重点教材建设项目、浙江省自然科学基金项目(编号：LTGN24F020001)、中国高等教育学会 2024 年度高等教育科学研究规划课题(编号：24GC0213)等的资助,在此谨致谢意。

江先亮、金光

2024 年年末于宁波大学

目 录

Contents

第1章

chapter 1

无线网络与物联网仿真环境搭建

本章主要介绍无线网络与物联网仿真实验环境搭建,具体包括 VirtualBox 6.1.50 和 Ubuntu 20.04.1 的虚拟机环境、Network Simulator Version 2(NS-2)安装等,并简单验证安装是否正确。

1.1 预 备 知 识

1.1.1 VirtualBox 软件

VirtualBox 是一款开源免费的 x86 和 AMD64/Intel64 平台虚拟化软件,由德国 Innotek 公司开发并由 Sun 公司出品,使用 Qt 框架编写,在 Sun 被 Oracle 收购后更名为 Oracle VM VirtualBox。与 VMware 和 Virtual PC 相比,VirtualBox 支持远端桌面协议 (Romate Desktop Protocal,RDP)、iSCSI(internet Small Computer System Interface)和 通用串行总线(Universal Serial Bus,USB)等。VirtualBox 可运行在 Windows、Linux 等 系统上,更多信息请访问 VirtualBox 官网(具体网址见附录 B 说明和"无线网络技术教学 研究平台")。

本书选用 VirtualBox 作为虚拟化软件,主要考虑其系统资源占用少、源码开放。仿 真实验选用了界面友好的 Ubuntu 系统,能较好地运行于 VirtualBox 上。

1.1.2 Ubuntu Linux 系统

Linux 操作系统在桌面和服务器领域应用广泛,典型发行版有 Ubuntu、CentOS 和 Debian 等,而 Ubuntu 桌面版以其用户友好性得到广泛应用。Ubuntu 衍生自 Debian GNU/Linux,支持 x86、AMD64 等主流硬件架构,由专业团队(Canonical Ltd)维护,支持 桌面虚拟化。

每隔一段时间,Ubuntu 团队会发布新版本,用代号和版本号进行区分,其中 LTS 是 长期支持版。读者可从 Ubuntu 官网(具体网址见附录 B 和"无线网络技术教学研究平 台")下载各版本的 Ubuntu 系统镜像。

1.1.3　NS-2 网络模拟器

NS-2 是由 UC Berkeley 开发的网络模拟器,其核心功能模块涵盖主流网络协议,源代码开放且免费获取,仅需遵循通用公共许可证(General Public License,GPL)规则。NS-2 为离散事件驱动的数据包级网络模拟器,本身有一个虚拟时钟。NS-2 可用于仿真各种网络模型:传输控制协议,如 TCP 和 UDP;数据流量模型,如 FTP、Telnet、CBR 和 VBR 等;路由器缓存管理算法,如 DropTail、RED 和 CoDel 等;有线/无线路由算法,如 RIP、OSPF、AODV、DSR 等;局域网,多播及介质访问控制(Medium Access Control,MAC)子层协议;各种无线网络协议;等等。

本书大部分仿真实验在 NS-2(源码网站见附录 B 说明和"无线网络技术教学研究平台")上完成,同时也会在实验中新增部分模块,详见各实验阐述。有关 NS-2 的原理和使用方法,见参考文献[1]。

1.2　实　验　环　境

本书在 Windows 11 上利用 VirtualBox 6.1.50 和 Ubuntu 20.04.1(内核版本 5.4)构建仿真实验环境,完成网络协议微观原理性分析。为保证流畅运行该实验环境,建议物理主机最低配置:4GB 及以上内存、主频 2.0GHz 及以上双核 CPU、40GB 及以上的空闲(物理)磁盘空间。实验环境包含的软件:VirtualBox 6.1.50、Ubuntu 20.04.1、ns-allinone-2.35(修复部分 Bug)。本章所介绍的实验环境覆盖本教材后续实验 2~7 章内容。第 8 章蜂窝通信须使用 NS-3 进行仿真,第 9 章无线车联网采用 Veins 框架,须使用 SUMO 和 OMNet++ 进行仿真。

1.3　实　验　步　骤

本实验主要展示 NS-2 仿真环境搭建,是后续多章内容的基础,包括从虚拟机安装到 NS-2 环境搭建完成的整个过程。

1.3.1　安装 VirtualBox 虚拟机

首先,从 VirtualBox 官网(网址见附录 B 说明和"无线网络技术教学研究平台")下载版本号为 6.1.50 的安装包,然后双击运行。开始安装时如图 1.1 所示,单击"下一步"按钮,会出现"自定安装"对话框如图 1.2 所示,选择安装的功能和安装位置,继续单击"下一步"按钮。随后,系统提示"网络功能将重置网络连接并暂时中断网络连接",单击"是"按钮即可。

系统将提示"准备好安装",单击"安装"按钮即开始安装,持续 2~3min 后会提示安装完成,如图 1.3 所示。

安装完成后,若未自动打开,可双击桌面上的 VirtualBox 图标启动虚拟机软件。

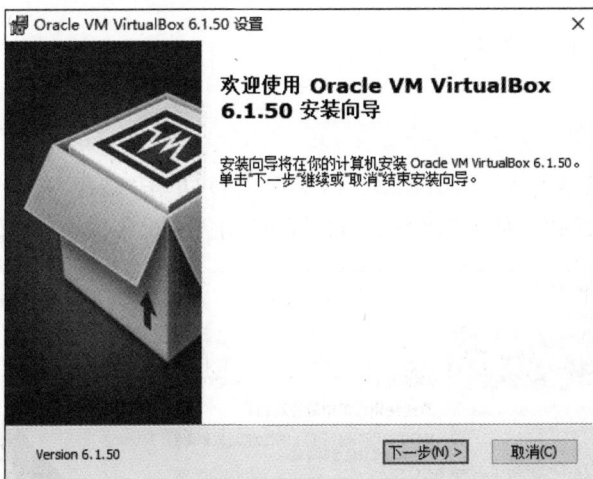

图 1.1　开始安装

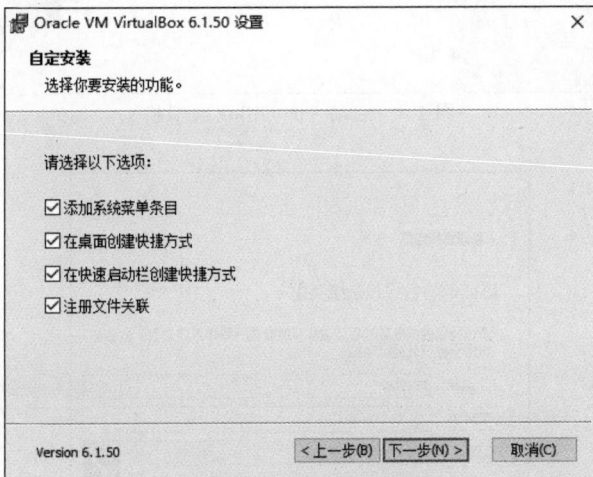

图 1.2　安装选项配置

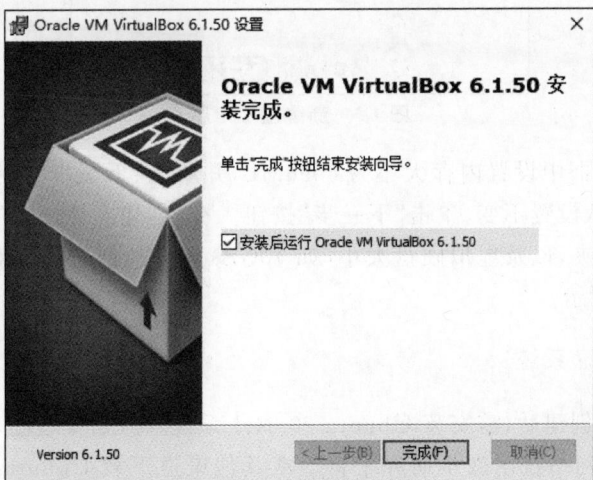

图 1.3　安装完成

1.3.2 安装 Ubuntu 系统

1. 新建虚拟电脑

启动 1.3.1 节安装的 VirtualBox 软件(见图 1.4),单击"新建"按钮,配置虚拟电脑"名称"和虚拟电脑存放的"文件夹","类型"和"版本"与图 1.5 保持一致,单击"下一步"按钮。

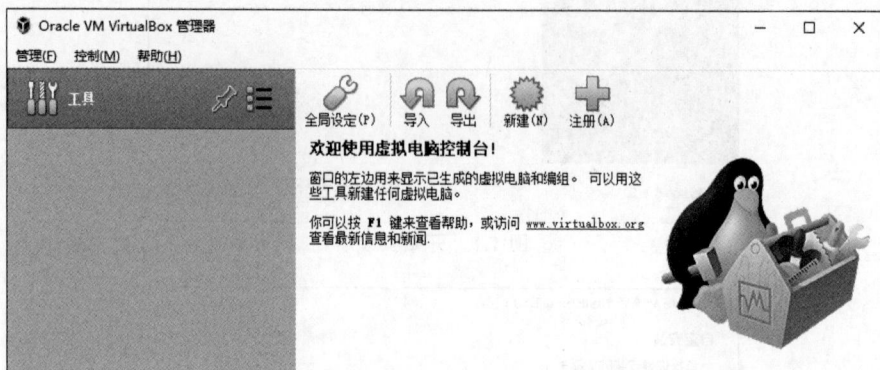

图 1.4 启动 VirtualBox 虚拟机

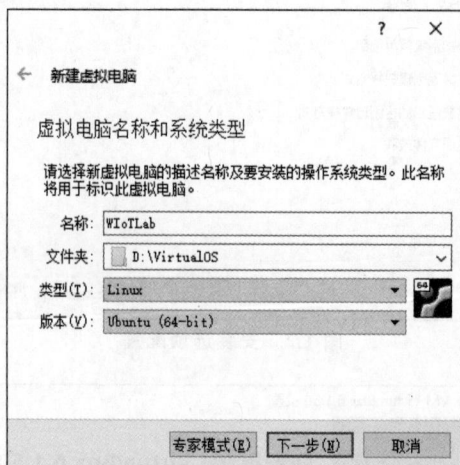

图 1.5 新建虚拟电脑

在弹出的对话框中设置内存大小为 4096MB,并单击"下一步"按钮。在随后三个配置界面中,保持默认设置不变,单击"下一步"按钮。在"创建虚拟硬盘"对话框中,配置虚拟硬盘存放的文件夹,以及虚拟硬盘大小(如 40GB),单击"创建"图标,即可完成虚拟电脑创建,如图 1.6 所示。

2. 安装 Ubuntu 系统

完成虚拟电脑创建后,需安装 Ubuntu 20.04.1 系统。开始安装前,从官网(网址见附录 B 说明和"无线网络技术教学研究平台")或其他渠道下载 Ubuntu 镜像文件,然后在

VirtualBox首页单击"设置"图标(见图1.6),接着在如图1.7所示"分配光驱"选项中单击光盘图标,加载已下载的系统镜像。

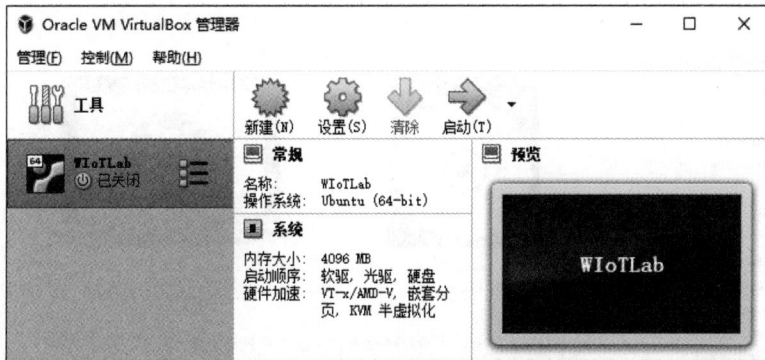

图 1.6　虚拟电脑创建完成

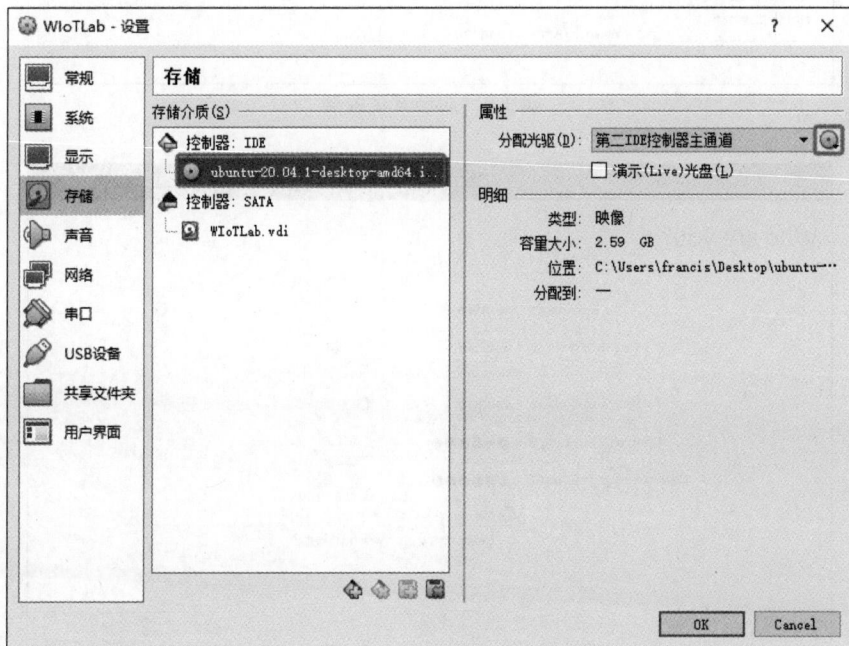

图 1.7　加载系统镜像到虚拟光驱

　　单击图1.6中的"启动"图标,开启虚拟电脑,进入图1.8所示的安装引导界面,单击Install Ubuntu进行系统安装。保持接下来的Keyboard layout对话框设置为默认选项,单击Continue按钮。在Updates and other software对话框,选择Normal installation选项并单击Continue按钮。之后,会出现Installation type对话框,选择Erase disk and install Ubuntu选项并单击Install Now按钮开始安装,会弹出磁盘更改提示,单击Continue按钮即可。

　　完成基本安装配置后,引导程序会进入虚拟电脑系统的用户名和密码设置界面,可根据实际情况配置,本书建议采用如图1.9所示的配置,以便后续实验路径的统一。

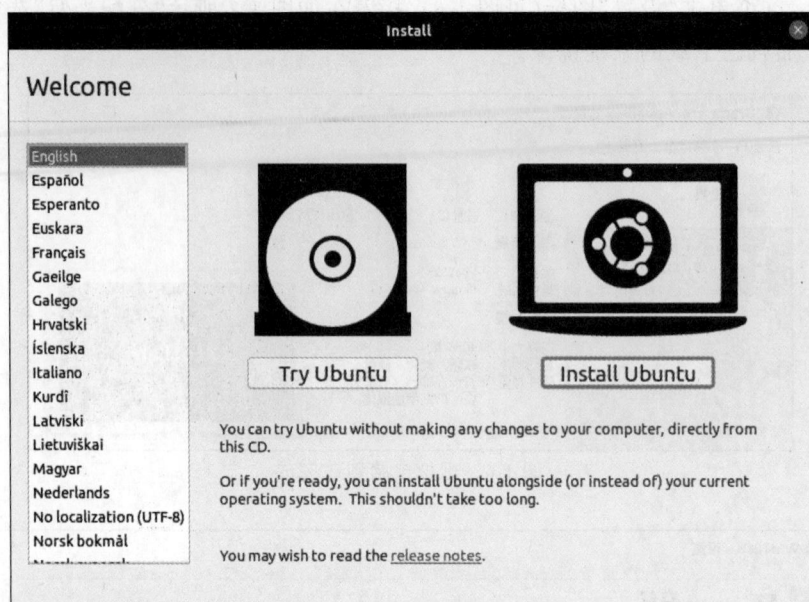

图 1.8 启动系统安装

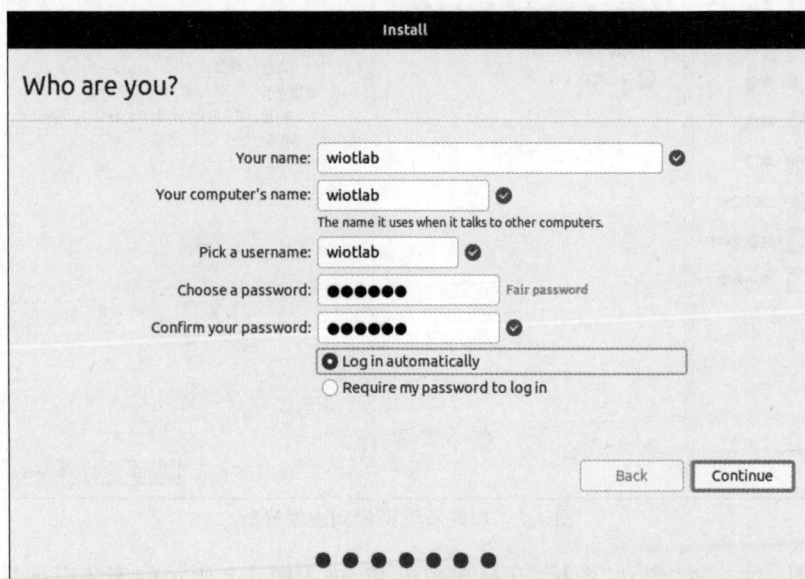

图 1.9 用户名和密码设置

在完成虚拟电脑系统配置后,单击 Continue 按钮,系统开始安装,如图 1.10 所示。安装过程将持续 10～20min,具体视电脑性能而定。

图 1.10 所示过程结束后,会提示重新启动,单击重启即可。重启过程中,会提醒退出 Ubuntu 镜像并按回车键,按提示操作即可。为使物理机的 Windows 11 系统和虚拟电脑的 Ubuntu 系统之间能够进行文件传输和复制粘贴操作,安装好虚拟电脑系统并重启后,需安装图 1.11 所示的增强功能:直接选择"设备"→"安装增强功能"命令,虚拟电脑系统

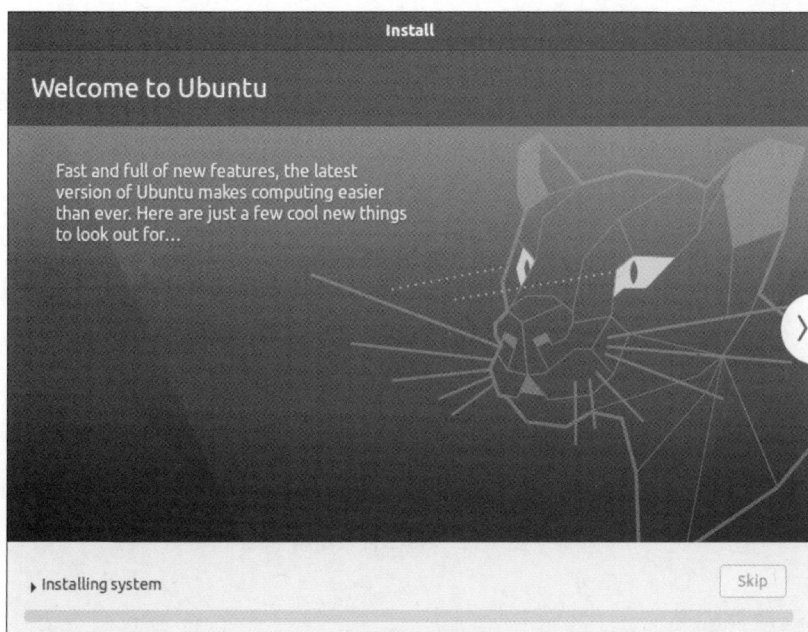

图 1.10　开始安装

中会弹出安装窗口，单击 Run 按钮，然后输入管理员密码(见图 1.9)。

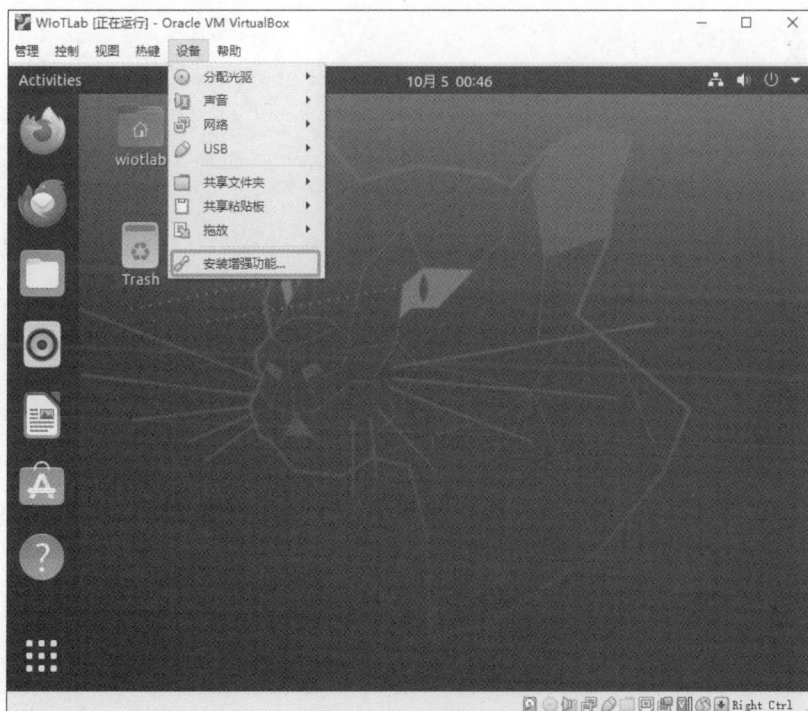

图 1.11　安装增强功能

1.3.3 安装 NS-2 环境

完成虚拟电脑系统安装后,接下来安装 NS-2(目录结构如图 1.12 所示,ns-2.35 中包含了 NS-2 的所有模块,tcl8.5.10、tclcl-1.20 等其他文件夹中是依赖库)[①],具体如下:①依赖软件安装;②NS-2 源码编译;③环境变量配置。

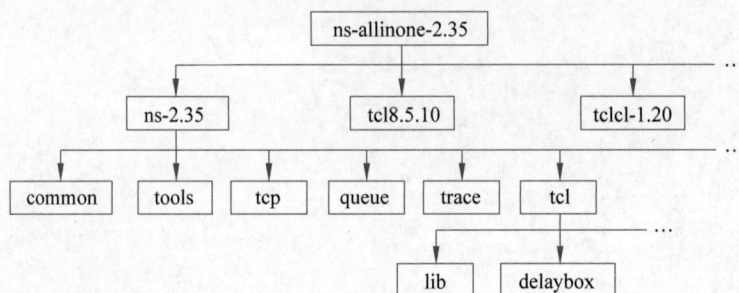

```
                      ns-allinone-2.35
                                                      ...
        ns-2.35              tcl8.5.10          tclcl-1.20
                                                      ...
  common  tools  tcp    queue   trace   tcl
                                                ...
                                 lib   delaybox
```

图 1.12 NS-2 目录结构

1. 依赖软件安装

进入 Ubuntu 系统后,按 **Ctrl＋Alt＋T** 组合键打开命令行终端,然后执行下述 Shell 代码。

```
sudo apt-get -y update
sudo apt-get -y install ncurses-dev bison flex build-essential
sudo apt-get -y install libx11-dev libxmu-dev libxmu-headers libxt-dev
libtool g++ patch tcl tk tcl-dev tk-dev gnuplot
#降低 gcc 和 g++版本,NS-2 无法兼容高版本
sudo apt -y install gcc-5 g++-5
sudo update-alternatives --install /usr/bin/gcc gcc /usr/bin/gcc-5 30
sudo update-alternatives --install /usr/bin/gcc gcc /usr/bin/gcc-9 40
sudo update-alternatives --install /usr/bin/g++ g++ /usr/bin/g++-5 30
sudo update-alternatives --install /usr/bin/g++ g++ /usr/bin/g++-9 40
sudo update-alternatives --config gcc
sudo update-alternatives --config g++
```

需注意,在执行上述代码前,需增加软件源。在打开的命令行终端执行 **gedit /etc/apt/sources.list**,添加以下内容至打开的文件末尾。

```
deb http://archive.ubuntu.com/ubuntu/ trusty main universe restricted multiverse
deb https://mirrors.aliyun.com/ubuntu/ xenial main
deb-src https://mirrors.aliyun.com/ubuntu/ xenial main
deb https://mirrors.aliyun.com/ubuntu/ xenial universe
```

---

① 假设 NS-2 安装目录位置为:**/home/wiotlab/WIoTLab/tools**。

```
deb-src https://mirrors.aliyun.com/ubuntu/ xenial universe
deb http://cz.archive.ubuntu.com/ubuntu bionic main universe
deb http://mirrors.aliyun.com/ubuntu bionic main universe
```

2. NS-2 源码编译

将 NS-2 源码压缩包(ns-allinone-2.35.tar.gz)复制至虚拟电脑 Ubuntu 系统的 /home/wiotlab/WIoTLab/tools 目录中,然后在命令行终端执行下述命令:

```
cd /home/wiotlab/WIoTLab/tools
tar -zxvf ns-allinone-2.35.tar.gz > /dev/null
rm ns-allinone-2.35.tar.gz
mv ns-allinone-2.35 ns2
cd ns2
./install
```

3. 环境变量配置

在打开的命令行终端执行 **gedit ～/.bashrc**,在文件尾部添加 4 行 NS-2 环境变量:

```
NS2PATH=/home/wiotlab/WIoTLab/tools/ns2
export PATH=$PATH:$NS2PATH/bin:$NS2PATH/tcl8.5.10/unix:$NS2PATH/tk8.5.10/unix
export LD_LIBRARY_PATH=$LD_LIBRARY_PATH:$NS2PATH/otcl-1.14:$NS2PATH/lib
export LD_LIBRARY=$LD_LIBRARY:$NS2PATH/tcl8.5.10/library
```

1.3.4　仿真环境测试

完成仿真实验环境安装后,需进行验证测试。此处选择 ns2/ns-2.35/tcl/ex 目录中的脚本 **wireless-test.tcl**,其构建了简单的无线网络,路由协议为 DSR。执行命令 **ns wireless-test.tcl**,运行结束后会得到以文本文件形式输出的 trace 数据,数据片段如图 1.13 所示。若脚本运行不成功,则表明 NS-2 未正确安装。

```
s 127.936679222 _0_ AGT  --- 0 cbr 512 [0 0 0 0] ------ [0:0 2:0 32 0] [0] 0 3
r 127.936679222 _0_ RTR  --- 0 cbr 512 [0 0 0 0] ------ [0:0 2:0 32 0] [0] 0 3
s 127.940949843 _0_ RTR  --- 1 DSR 32 [0 0 0 0] ------ [0:255 2:255 32 0] 1 [1 1] [0 1 0 0->0] [0 0 0 0->0]
r 127.942150650 _1_ RTR  --- 1 DSR 32 [0 ffffffff 0 800] ------ [0:255 2:255 32 0] 1 [1 1] [0 1 0 0->0] [0 0 0 0->0]
s 127.974476947 _0_ RTR  --- 2 DSR 32 [0 0 0 0] ------ [0:255 2:255 32 0] 1 [1 2] [0 2 0 0->0] [0 0 0 0->0]
r 127.975857754 _1_ RTR  --- 2 DSR 32 [0 ffffffff 0 800] ------ [0:255 2:255 32 0] 1 [1 2] [0 2 0 0->0] [0 0 0 0->0]
f 127.982163849 _1_ RTR  --- 2 DSR 48 [0 ffffffff 0 800] ------ [0:255 2:255 32 0] 2 [1 2] [0 2 0 0->0] [0 0 0 0->0]
r 127.983192424 _2_ RTR  --- 2 DSR 48 [0 ffffffff 1 800] ------ [0:255 2:255 32 0] 2 [1 2] [0 2 0 0->0] [0 0 0 0->0]
r 127.983192655 _0_ RTR  --- 2 DSR 48 [0 ffffffff 1 800] ------ [0:255 2:255 32 0] 2 [1 2] [0 2 0 0->0] [0 0 0 0->0]
s 127.983956059 _2_ RTR  --- 3 DSR 52 [0 0 0 0] ------ [2:255 0:255 254 1] 3 [0 2] [1 2 3 0->2] [0 0 0 0->0]
r 127.988587089 _1_ RTR  --- 3 DSR 52 [13a 1 2 800] ------ [2:255 0:255 254 1] 3 [0 2] [1 2 3 0->2] [0 0 0 0->0]
f 127.988587089 _1_ RTR  --- 3 DSR 52 [13a 1 2 800] ------ [2:255 0:255 253 0] 3 [0 2] [1 2 3 0->2] [0 0 0 0->0]
r 127.993943734 _0_ RTR  --- 3 DSR 52 [13a 0 1 800] ------ [2:255 0:255 253 0] 3 [0 2] [1 2 3 0->2] [0 0 0 0->0]
SFESTS 127.993943734 _0_ 0 [0 -> 2] 1(1) to 1 [0 |1 2 ]
s 127.993943734 _0_ RTR  --- 0 cbr 552 [0 0 0 0] ------ [0:0 2:0 32 1] [0] 0 3
r 128.000466153 _1_ RTR  --- 0 cbr 552 [13a 1 0 800] ------ [0:0 2:0 32 1] [0] 1 3
f 128.000466153 _1_ RTR  --- 0 cbr 552 [13a 1 0 800] ------ [0:0 2:0 32 1] [0] 1 3
r 128.006847881 _2_ RTR  --- 0 cbr 552 [13a 2 1 800] ------ [0:0 2:0 31 2] [0] 2 3
r 128.006847881 _2_ AGT  --- 0 cbr 512 [13a 2 1 800] ------ [0:0 2:0 31 2] [0] 2 3
s 131.663684440 _0_ AGT  --- 4 cbr 512 [0 0 0 0] ------ [0:0 2:0 32 0] [1] 0 3
r 131.663684440 _0_ RTR  --- 4 cbr 512 [0 0 0 0] ------ [0:0 2:0 32 0] [1] 0 3
```

图 1.13　执行后的 trace 数据片段

1.4　扩展练习

　　本实验完成了仿真环境搭建，进行实验前需简单了解 VirtualBox 如何使用，熟悉 Ubuntu 系统界面和命令行操作。实际操作过程中，务必保证虚拟电脑已连接互联网，因为环境安装需从网络服务器上下载并安装依赖软件，若未联网会出现错误，导致无法正常安装。安装过程中涉及的路径名、配置信息等，请根据实际情况确定。运行 NS-2 脚本时，可用命令进入对应的文件夹后执行，否则会提示找不到文件之类的错误。Ubuntu 系统中，可在文件夹中右击，在弹出的快捷菜单中选择 Open in Terminal 命令，可使运行的终端直接为当前目录。

　　感兴趣的读者可在实际物理主机上安装 Ubuntu 系统，并在 Ubuntu 系统中安装 NS-2。

参 考 文 献

TEERAWAT I, EKRAM H. Introduction to Network Simulator 2 [M]. Berlin: Springer，2008.

第2章

无线局域网隐藏和暴露终端仿真

本章介绍无线局域网隐藏和暴露终端基本原理,并进行仿真分析。读者将了解无线局域网中 RTS/CTS 的工作过程,并利用 NS-2 工具分析隐藏和暴露终端问题。

2.1 预 备 知 识

2.1.1 CSMA/CA 机制

在无线网络中,数据传输消耗能量较大,若发生冲突,则能耗会增加 5%~10%。为降低冲突概率,无线局域网采用载波侦听多路访问冲突/避免(Carrier Sense Multiple Access with Collision Avoid, CSMA/CA)机制,平衡了共享信道的有效使用与避免冲突的需求,在无线网络中实现可靠和公平的通信。CSMA/CA 关键特性如下所述。

(1) 载波侦听:设备在发送前监听信道,以确保它当前未被其他设备使用。

(2) 多路访问:多个设备共享同一信道,并且可以同时传输。

(3) 冲突避免:如果有两个或更多设备试图同时发送,则会发生冲突,CSMA/CA 使用随机回退时间间隔来避免冲突。

(4) 确认:成功传输后,接收设备发送确认应答(Acknowledgment,ACK)以确认收到。

(5) 公平性:确保所有设备都有平等的机会访问信道,信道不被独占。

(6) 二进制指数回退:如果发生冲突,设备在尝试重新传输之前等待一个随机的时间段,每次重新传输尝试的回退时间指数增加。

(7) 帧间间隔(InterFrame Space, IFS):要求传输之间有最小的时间间隔,以允许信道清除,减少冲突的可能性。

(8) RTS/CTS 握手:使用请求发送(Request to Send,RTS)和清除发送(Clear to Send,CTS)握手,在传输前保留信道,减少冲突机会以提高效率。

作为 IEEE 802.11 无线局域网标准的基本媒介访问控制技术,分布式协调功能(Distributed Coordination Function,DCF)采用 CSMA/CA 和二进制指数回退算法。DCF 要求发送节点在 DCF 帧间间隔(DCF IFS, DIFS)内监听信道状态。若在 DIFS 内发现信道忙,节点将推迟发送。在多个发送节点争用无线信道时,若有多个节点感知到信道忙,并推迟其访问,它们将几乎同时发现信道被释放,然后尝试抢占信道,结果可能会发生冲突。为避免此类冲突,DCF 还指定了随机回退,如图 2.1 所示的随机争用阶段,强制站点额外推迟其对信道的访问。常见的三种 IFS 包括优先级最高的短帧间间隔(Short IFS, SIFS)、优先级中等的点协调功能帧间间隔(Point Coordination Function IFS, PIFS)和优先级最低的分布式帧间间隔(Distributed IFS, DIFS),SIFS 用于 ACK 和 RTS/CTS 的传输,DIFS 用于普通数据的传输,具体不同标准的 SIFS 时长如表 2.1 所示。DIFS 与 SIFS 的关系为:DIFS=SIFS+2×Slot Time;PIFS 与 SIFS 的关系为:PIFS=SIFS+Slot Time。

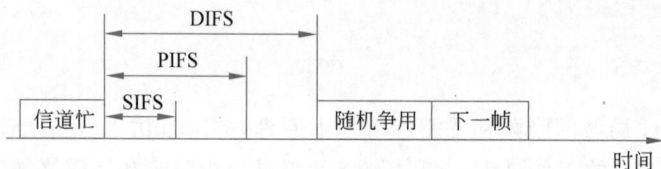

图 2.1　帧间间隔示意

表 2.1　不同 IEEE 标准的 SIFS 时长

标　　准	SIFS/μs
IEEE 802.11b	10
IEEE 802.11a	16
IEEE 802.11g	10
IEEE 802.11n (2.4 GHz)	10
IEEE 802.11n, IEEE 802.11ac (5 GHz), IEEE 802.11ax	16
IEEE 802.11ah (900 MHz)	160
IEEE 802.11ad (60 GHz)	3

除 DCF 机制外,IEEE 802.11 标准还定义了点协调功能(Point Coordination Function,PCF)的可选方法,更多相关知识参见《无线网络技术(第 5 版)——原理、应用与实验》(简称《无线网络技术》,ISBN 978-7-302-64410-1)第 3 章。

2.1.2　隐藏终端问题

无线局域网隐藏终端指处于接收端的覆盖范围内而在发送端的覆盖范围外的节点,由于监听不到发送端的数据传输,隐藏终端不受限制地发送分组到该接收节点,导致分组在接收端处冲突。如图 2.2 所示,Node1 和 Node2 互为隐藏节点,彼此不在通信范围内,且都向 AP 发送数据,致使 AP 收到的信息产生错误。

为解决隐藏终端问题,可采用 RTS/CTS 机制来避免冲突。发送端在数据发送前先发送一个 RTS 包,告知传输范围内的所有终端不要有任何发送操作。若接收端目前空闲,则

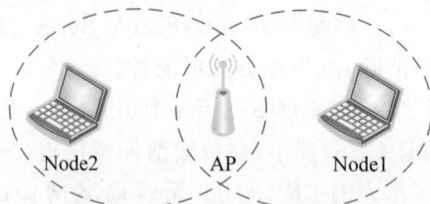

图 2.2　隐藏终端问题示意图

响应一个 CTS 包,告诉发送端可以开始发送数据,此 CTS 包也会告知在接收端信号传输范围内的所有其他节点勿进行任何传输操作。在 RTS 和 CTS 中都包含网络分配向量(Network Allocation Vector,NAV),表示后续数据传输需占用多少时间。图 2.3 为RTS/CTS 和一次数据传输的过程,发送新的数据之前需等待 DIFS 时间。

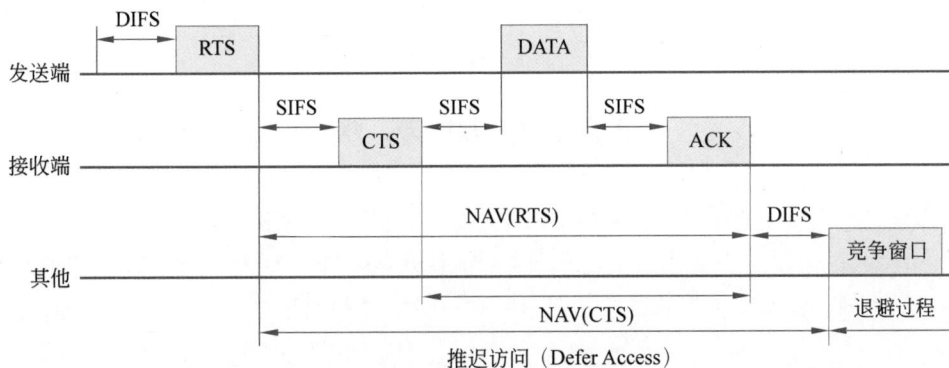

图 2.3   RTS/CTS 过程示意图

整个 RTS/CTS 交互过程中会使用多种帧,实际开始传输数据前的延迟也会消耗一定资源。因此,RTS/CTS 常用于传输竞争较显著的场合。具体过程中,可通过调整 RTS阈值控制 RTS/CTS 功能,仅大于阈值才执行 RTS/CTS 交换过程。早期的 802.11 帧最大长度为 2346B,RTS 阈值是 0~2347。当设为 0 表示如果发送数据包,AP 就要先发送RTS;当设为其他值,如 400,此时大小为 401 的数据包发送时,路由就会发送 RTS 信号通知对方,以防信号冲突;当设为 2347,表示所有数据包直接发送,无须先发 RTS。

2.1.3   暴露终端问题

无线局域网暴露终端指在发送端覆盖范围内而在接收端覆盖范围外的节点,暴露终端因监听到发送端的发送而可能延迟发送。但它其实是在接收端的通信范围之外,它的发送不会造成冲突,这种延迟发送并不必要。

物理载波监听引起的"暴露终端"问题:如图 2.4 所示,Node1 和 Node2 互相覆盖,即两者可互相监听到对方传输。但 AP1 仅能接收到 Node1 的信号,不会受其他传输的干扰;Node2 也仅能收到 Node2 的信号,不会受其他传输干扰。而在传输前侦听的机制中,若 Node1 向 AP1 传输数据,Node2 因监听到信道忙就不向 AP2 进行传输。反之亦然。

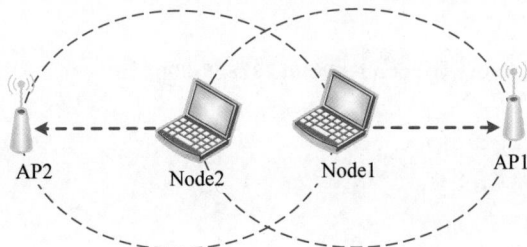

图 2.4   暴露终端问题示意图

虚拟载波引起的"暴露终端"问题：对于虚拟载波监听，即 NAV 机制，实际也会引起暴露终端问题。在 Wi-Fi 中，节点和 AP 可设置发送帧中的 Duration 字段。NAV 大于 0 时，节点或 AP 的虚拟载波监听都会显示忙状态，进而让节点认为信道一直是忙，无法使用。仅当 NAV 等于 0 时，虚拟载波监听的结果才是空闲，此时才可根据物理载波监听结果判断信道是否空闲。很多时候，会出现 NAV 大于 0 的设置，此时也可被认为是一种暴露终端。

2.2　实　验　环　境

本实验为无线局域网隐藏和暴露终端仿真，实验系统为 Ubuntu（版本为 20.04.1），搭载于 VirtualBox（版本为 6.1.50）虚拟机上，所用仿真软件为官方 NS-2，无须功能扩展。操作本实验前，需先完成本书第 1 章的实验，搭建好实验环境。

2.3　实　验　步　骤

本实验含两个子任务：①隐藏终端问题及 RTS/CTS；②暴露终端问题。实验系统的用户名和主机名均为 **wiotlab**，实验仿真工具和脚本在用户目录下，仿真工具完整路径为 **/home/wiotlab/WIoTLab/tools**，实验脚本路径为 **/home/wiotlab/WIoTLab/exps**，对于本实验，为脚本路径下的 **lab2** 文件夹。

为有效进行本实验，需理解 NS-2 无线物理层的几个关键参数，具体如下所述。

（1）载波侦听阈值（CSThresh_）：当分组接收功率 Pr<CSThresh_时，接收不到该分组；而当 Pr>CSThresh_时，可接收到该分组。

（2）接收阈值（RXThresh_）：当 CSThresh_<Pr<RXThresh_时，可接收到该分组，但因 Pr<RXThresh_而无法正确解码。若 Pr>RXThresh_，则该分组可被正确解码。

（3）捕获效应阈值（CPThresh_）：当接收到冲突分组时，若较强信号是较弱信号的 CPThresh_倍，则较强信号仍可被正确解码。否则，接收到的分组都被丢弃。

通常载波侦听的范围需设置为信号传输范围的 2.2 倍，且 CSThresh_ 和 RXThresh_ 都是功率值（单位：W）。具体如何将距离换算成 CSThresh_ 和 RXThresh_ 值，可使用 NS-2 目录（ns-2.35/indep-utils/propagation）下的 **threshold** 工具（源代码请采用 g++ 编译）。以 NS-2 的 Propagation/TwoRayGround 传播模型为例，计算 200m 距离的值，如下所示：

```
$ ./threshold -m TwoRayGround -Pt 0.281838 200
distance = 200
propagation model: TwoRayGround

Selected parameters:
transmit power: 0.281838
frequency: 9.14e+08
```

```
transmit antenna gain: 1
receive antenna gain: 1
system loss: 1
transmit antenna height: 1.5
receive antenna height: 1.5


Receiving threshold RXThresh_ is: 8.91753e-10
```

上述输出中的最后一行数值即为 200m 对应的 RXThresh_或 CSThresh_阈值,实验中需根据所设计的拓扑中节点间距离进行计算。若 RXThresh_和 CSThresh_设置为相同值,则表示关闭载波侦听功能。

2.3.1　隐藏终端问题实验

在隐藏终端问题仿真实验中,构建了如图 2.5 所示的拓扑,包含三个节点且相互间隔 50m。其中,节点 0 向节点 1 发送数据(CBR/UDP)、节点 2 向节点 1 发送数据(CBR/UDP)。利用前述讨论的 threshold 工具计算得到 50m 的 CSThresh_和 RXThresh_值为 7.69113e-08。

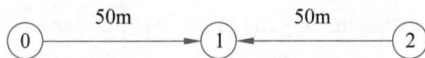

图 2.5　实验拓扑结构示意图

隐藏终端问题仿真分析的实验脚本如下:

```
# 无线模块配置
Mac/802_11 set RTSThreshold_ 3000
Mac/802_11 set dataRate_ 2Mb
Antenna/OmniAntenna set X_ 0
Antenna/OmniAntenna set Y_ 0
Antenna/OmniAntenna set Z_ 1.5
Antenna/OmniAntenna set Gt_ 1.0
Antenna/OmniAntenna set Gr_ 1.0
Phy/WirelessPhy set CPThresh_ 10.0
Phy/WirelessPhy set CSThresh_ 7.69113e-08
Phy/WirelessPhy set RXThresh_ 7.69113e-08
Phy/WirelessPhy set bandwidth_ 2e6
Phy/WirelessPhy set Pt_ 0.281838
Phy/WirelessPhy set freq_ 9.14e+6
Phy/WirelessPhy set L_ 1.0
# 参数设置
set sim(end)        50.0
set val(chan)       Channel/WirelessChannel
set val(prop)       Propagation/TwoRayGround
set val(netif)      Phy/WirelessPhy
set val(mac)        Mac/802_11
```

```
set val(ifq)          Queue/DropTail/PriQueue
set val(ll)           LL
set val(ant)          Antenna/OmniAntenna
set val(ifqlen)       100
set val(nn)           3
set val(rp)           DSDV
```

#仿真器实例与仿真数据存放文件设置

```
set ns_       [new Simulator]
set tracefd   [open hidden.tr w]
set namfd     [open hidden.nam w]
set result    [open hidden.d w]
$ns_ trace-all $tracefd
$ns_ namtrace-all-wireless $namfd 200 200
```

#设置拓扑并配置无线节点

```
set topo      [new Topography]
$topo load_flatgrid 200 200
create-god $val(nn)
$ns_ node-config    -adhocRouting $val(rp) \
                    -llType $val(ll) \
                    -macType $val(mac) \
                    -ifqType $val(ifq) \
                    -ifqLen $val(ifqlen) \
                    -antType $val(ant) \
                    -propType $val(prop) \
                    -phyType $val(netif) \
                    -channelType $val(chan) \
                    -topoInstance $topo \
                    -agentTrace ON \
                    -routerTrace ON \
                    -macTrace OFF \
                    -movementTrace OFF
```

#实例化节点并配置

```
for {set i 0} {$i < $val(nn) } {incr i} {
    set node_($i) [$ns_ node]
    $node_($i) random-motion 0
}
$node_(0) set X_ 30.0
$node_(0) set Y_ 150.0
$node_(0) set Z_ 0.0
$node_(1) set X_ 80.0
$node_(1) set Y_ 150.0
$node_(1) set Z_ 0.0
$node_(2) set X_ 130.0
```

```
$node_(2) set Y_ 150.0
$node_(2) set Z_ 0.0
$ns_ initial_node_pos $node_(0) 10
$ns_ initial_node_pos $node_(1) 10
$ns_ initial_node_pos $node_(2) 10
#数据流配置
set udp_1 [new Agent/UDP]
$udp_1 set class_ 1
set sink_1 [new Agent/LossMonitor]
$ns_ attach-agent $node_(0) $udp_1
$ns_ attach-agent $node_(1) $sink_1
$ns_ connect $udp_1 $sink_1
set cbr_1 [new Application/Traffic/CBR]
$cbr_1 attach-agent $udp_1
$cbr_1 set type_ CBR
$cbr_1 set packet_size_ 1400
$cbr_1 set rate_ 1Mb
$cbr_1 set random_ false
$ns_ at 1.0 "$cbr_1 start"

set udp_2 [new Agent/UDP]
$udp_2 set class_ 2
set sink_2 [new Agent/LossMonitor]
$ns_ attach-agent $node_(2) $udp_2
$ns_ attach-agent $node_(1) $sink_2
$ns_ connect $udp_2 $sink_2
set cbr_2 [new Application/Traffic/CBR]
$cbr_2 attach-agent $udp_2
$cbr_2 set type_ CBR
$cbr_2 set packet_size_ 1400
$cbr_2 set rate_ 1Mb
$cbr_2 set random_ false
$ns_ at 2.0 "$cbr_2 start"
#数据记录函数
proc record {} {
        global sink_1 sink_2 result
        set ns [Simulator instance]
        set time 0.5
        set now [$ns now]
        set bytes_1 [$sink_1 set bytes_]
        set bytes_2 [$sink_2 set bytes_]
        puts $result "$now [expr $bytes_1/$time/1000] [expr $bytes_2/$time/
1000]"
```

```
        $sink_1 set bytes_ 0
        $sink_2 set bytes_ 0
        $ns at [expr $now+$time] "record"
}
#仿真开始与停止调度
for {set i 0} {$i < $val(nn) } {incr i} {
    $ns_ at $sim(end) "$node_($i) reset"
}
$ns_ at $sim(end) "puts \"NS EXITING...\" "
$ns_ at $sim(end) "stop"
proc stop {} {
    global ns_ tracefd namfd result
    $ns_ flush-trace
    close $namfd
    close $tracefd
    exec gnuplot result.gp &
    $ns_ halt
}
puts "Starting Simulation..."
$ns_ at 0.0 "record"
$ns_ run
```

根据上述脚本代码,可按如下操作完成实验。

(1) 使用 **Ctrl＋Alt＋T** 组合键打开终端,并用 **cd /home/wiotlab/WIoTLab/exps/lab2** 命令切换路径,接着使用 **touch Hidden_Terminal.tcl** 命令创建脚本文件,将上述代码录入文件中。

(2) 使用命令 **touch result.gp** 创建绘图脚本文件(步骤(1)中的脚本调用),并将下述代码录入文件中。

```
set term eps
set out "result.eps"
set size 1,0.7
set key right bottom
set xrange [0:50]
set ylabel "吞吐量/(kb/s)"
set xlabel "时间/s"
plot "hidden.d" u 1:2 w lp lw 2 lc rgb "black" t "Flow 1:n0->n1","hidden.d" u 1:3
w lp lw 2 lc rgb "grey" t "Flow 1:n2->n1"
```

(3) 执行 **ns Hidden_Terminal.tcl** 命令运行脚本,可得到没有隐藏终端且未开启 RTS/CTS 时两条流的吞吐量性能,如图 2.6 所示。

(4) 使用命令 **touch pdr.awk** 创建应用层数据包投递率分析脚本,并将下述代码录入文件中。

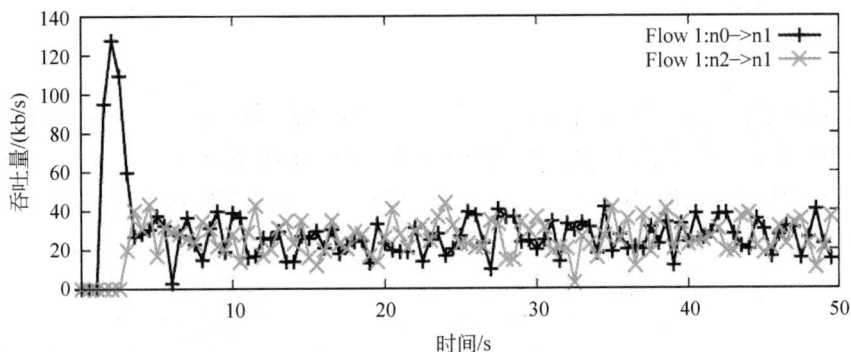

图 2.6 未开启 RTS/CTS 隐藏终端情况下流的吞吐量

```
BEGIN {
    sendLine = 0;
    recvLine = 0;
}
$0 ~/^s. * AGT/ {
    sendLine++;
}
$0 ~/^r. * AGT/{
    recvLine++;
}
END {
        printf "Sent: % d Received: % d, Delivery Ratio:%.4f \n", sendLine,
recvLine, (recvLine/sendLine);
}
```

(5) 执行命令 **awk -f pdr.awk hidden.tr**（hidden.tr 为 Hidden_Terminal.tcl 的输出），可得到结果为：Sent，17322；Received，3164；Delivery Ratio，0.1827。可看出，未开启 RTS/CTS 时，应用层数据投递率较低，间接表明冲突较多。

(6) 将 Hidden_Terminal.tcl 脚本的 Mac/802_11 set RTSThreshold_ **3000** 修改为 Mac/802_11 set RTSThreshold_ **0**（此时对所有数据发送开启 RTS/CTS），重复步骤（3）和（5），可得到应用层数据投递情况为 Sent：17322 Received：10131，Delivery Ratio：0.5849。两条流的吞吐量如图 2.7 所示。

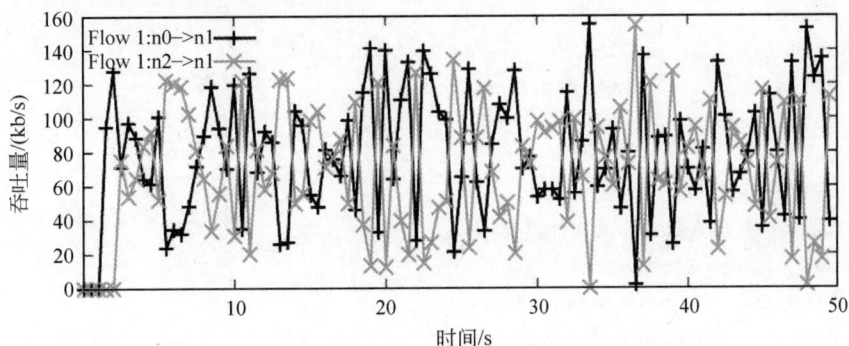

图 2.7 开启 RTS/CTS 隐藏终端情况下流的吞吐量

2.3.2 暴露终端问题实验

在暴露终端问题仿真实验中,构建了如图 2.8 所示的拓扑,包含 4 个节点且相邻距离50m。其中,节点 1 向节点 0 发送数据(CBR/UDP)、节点 2 向节点 3 发送数据(CBR/UDP)。利用前述讨论的 threshold 工具计算,得到 50m 的 RXThresh_ 值为 7.69113e-08,载波侦听 100m 的 CSThresh_ 值为 1.4268e-08。

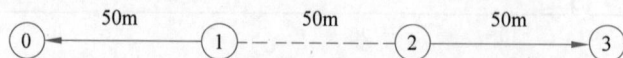

图 2.8 实验拓扑结构示意图

暴露终端问题仿真分析的实验脚本如下:

```
#无线模块配置
Mac/802_11 set RTSThreshold_ 3000
Mac/802_11 set dataRate_ 2Mb
Antenna/OmniAntenna set X_ 0
Antenna/OmniAntenna set Y_ 0
Antenna/OmniAntenna set Z_ 1.5
Antenna/OmniAntenna set Gt_ 1.0
Antenna/OmniAntenna set Gr_ 1.0
Phy/WirelessPhy set CPThresh_ 10.0
Phy/WirelessPhy set CSThresh_ 1.4268e-08
Phy/WirelessPhy set RXThresh_ 7.69113e-08
Phy/WirelessPhy set bandwidth_ 2e6
Phy/WirelessPhy set Pt_ 0.281838
Phy/WirelessPhy set freq_ 9.14e+6
Phy/WirelessPhy set L_ 1.0
#参数设置
set sim(end)        50.0
set val(chan)       Channel/WirelessChannel
set val(prop)       Propagation/TwoRayGround
set val(netif)      Phy/WirelessPhy
set val(mac)        Mac/802_11
set val(ifq)        Queue/DropTail/PriQueue
set val(ll)         LL
set val(ant)        Antenna/OmniAntenna
set val(ifqlen)     100
set val(nn)         4
set val(rp)         DSDV
#仿真器实例与仿真数据存放文件设置
set ns_     [new Simulator]
set tracefd     [open exposed.tr w]
set namfd     [open exposed.nam w]
```

```
set result     [open exposed.d w]
$ns_ trace-all $tracefd
$ns_ namtrace-all-wireless $namfd 200 200
#设置拓扑并配置无线节点
set topo     [new Topography]
$topo load_flatgrid 200 200
create-god $val(nn)
$ns_ node-config   -adhocRouting $val(rp) \
                   -llType $val(ll) \
                   -macType $val(mac) \
                   -ifqType $val(ifq) \
                   -ifqLen $val(ifqlen) \
                   -antType $val(ant) \
                   -propType $val(prop) \
                   -phyType $val(netif) \
                   -channelType $val(chan) \
                   -topoInstance $topo \
                   -agentTrace ON \
                   -routerTrace ON \
                   -macTrace OFF \
                   -movementTrace OFF
#实例化节点并配置
for {set i 0} {$i < $val(nn) } {incr i} {
    set node_($i) [$ns_ node]
    $node_($i) random-motion 0
}
$node_(0) set X_ 30.0
$node_(0) set Y_ 150.0
$node_(0) set Z_ 0.0
$node_(1) set X_ 80.0
$node_(1) set Y_ 150.0
$node_(1) set Z_ 0.0
$node_(2) set X_ 130.0
$node_(2) set Y_ 150.0
$node_(2) set Z_ 0.0
$node_(3) set X_ 180.0
$node_(3) set Y_ 150.0
$node_(3) set Z_ 0.0
$ns_ initial_node_pos $node_(0) 10
$ns_ initial_node_pos $node_(1) 10
$ns_ initial_node_pos $node_(2) 10
$ns_ initial_node_pos $node_(3) 10
#数据流配置
```

```
set udp_1 [new Agent/UDP]
$udp_1 set class_ 1
set sink_1 [new Agent/LossMonitor]
$ns_ attach-agent $node_(1) $udp_1
$ns_ attach-agent $node_(0) $sink_1
$ns_ connect $udp_1 $sink_1
set cbr_1 [new Application/Traffic/CBR]
$cbr_1 attach-agent $udp_1
$cbr_1 set type_ CBR
$cbr_1 set packet_size_ 1400
$cbr_1 set rate_ 1Mb
$cbr_1 set random_ false
$ns_ at 1.0 "$cbr_1 start"

set udp_2 [new Agent/UDP]
$udp_2 set class_ 2
set sink_2 [new Agent/LossMonitor]
$ns_ attach-agent $node_(2) $udp_2
$ns_ attach-agent $node_(3) $sink_2
$ns_ connect $udp_2 $sink_2
set cbr_2 [new Application/Traffic/CBR]
$cbr_2 attach-agent $udp_2
$cbr_2 set type_ CBR
$cbr_2 set packet_size_ 1400
$cbr_2 set rate_ 1Mb
$cbr_2 set random_ false
$ns_ at 2.0 "$cbr_2 start"
#数据记录函数
proc record {} {
        global sink_1 sink_2 result
        set ns [Simulator instance]
        set time 0.5
        set now [$ns now]
        set bytes_1 [$sink_1 set bytes_]
        set bytes_2 [$sink_2 set bytes_]
        puts $result "$now [expr $bytes_1/$time/1000] [expr $bytes_2/$time/1000]"
        $sink_1 set bytes_ 0
        $sink_2 set bytes_ 0
        $ns at [expr $now+$time] "record"
}
#仿真开始与停止调度
for {set i 0} {$i < $val(nn) } {incr i} {
    $ns_ at $sim(end) "$node_($i) reset"
```

```
}
$ns_ at $sim(end) "puts \"NS EXITING...\" "
$ns_ at $sim(end) "stop"
proc stop {} {
    global ns_ tracefd namfd result
    $ns_ flush-trace
    close $namfd
    close $tracefd
    exec gnuplot result.gp &
    $ns_ halt
}
puts "Starting Simulation..."
$ns_ at 0.0 "record"
$ns_ run
```

根据上述脚本代码,可按如下操作完成实验。

(1) 使用 Ctrl＋Alt＋T 组合键打开终端,并用 cd /home/wiotlab/WIoTLab/exps/ lab2 命令切换路径,接着使用 touch Exposed_Terminal.tcl 命令创建脚本文件,将上述代码录入该文件中。

(2) 使用命令 touch result.gp 创建绘图脚本文件(步骤(1)中的脚本调用),并将下述代码录入文件中。

```
set term eps
set out "result.eps"
set size 1,0.7
set key right bottom
set xrange [0:50]
set ylabel "吞吐量/(kb/s)"
set xlabel "时间/s"
plot "exposed.d" u 1:2 w lp lw 2 lc rgb "black" t "Flow 1:n0->n1","exposed.d" u
1:3 w lp lw 2 lc rgb "grey" t "Flow 1:n2->n1"
```

(3) 执行 ns Exposed_Terminal.tcl 命令运行脚本,可得到没有隐藏终端且未开启 RTS/CTS 时两条流的吞吐量性能,如图 2.9 所示。

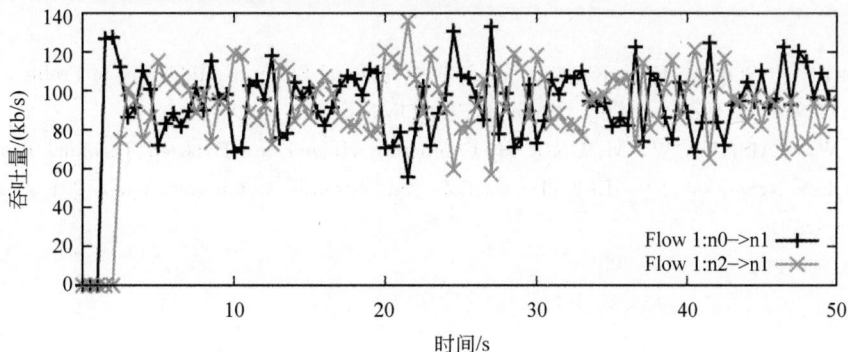

图 2.9　未开启 RTS/CTS 隐藏终端情况下流的吞吐量

（4）执行命令 **awk -f pdr.awk exposed.tr**（exposed.tr 为 Exposed_Terminal.tcl 的输出），可得到结果为 Sent：17322 Received：12184，Delivery Ratio：0.7034。

（5）将 Exposed_Terminal.tcl 脚本的 Mac/802_11 set RTSThreshold_ 3000 修改为 Mac/802_11 set RTSThreshold_ 0（此时对所有数据发送并启 RTS/CTS），重复步骤（3）和（4），可得到应用层数据投递情况为 Sent：17322 Received：10291，Delivery Ratio：0.5941。两条流的吞吐量如图 2.10 所示。

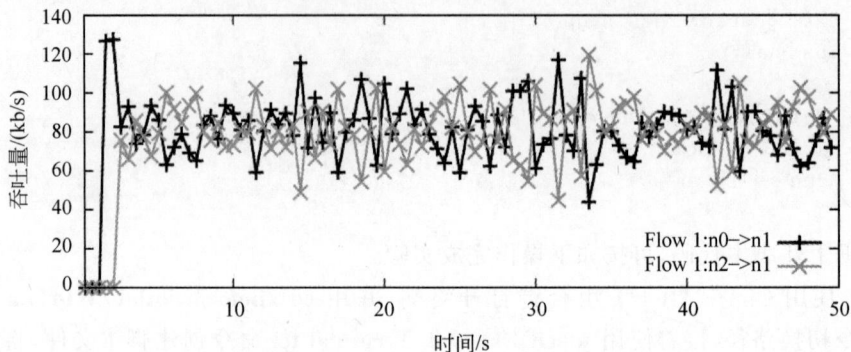

图 2.10　开启 RTS/CTS 隐藏终端情况下流的吞吐量

从上述实验结果可看出，暴露终端情况下，开启 RTS/CTS 并未起作用，甚至使得应用层数据包投递率更低。

2.4　扩展练习

由于 IEEE 802.11b/g/n 使用较广泛，隐藏和暴露终端问题存在较多。本实验有助于更好地理解 CSMA/CA 的相关技术，如载波侦听、冲突检测。在隐藏终端情况下，RTS/CTS 机制能够起到较好的作用，但在暴露终端时作用不明显，甚至产生反作用。

在本实验基础上，读者可进一步动手设计不同网络场景下的仿真，分析网络性能，分析解读实验相关的程序代码。

参　考　文　献

［1］　PING C N, SOUNG C L, KA C S, et al. Experimental Study of Hidden-node Problem in IEEE 802.11 Wireless Networks[C].//Proc. of SIGCOMM, 2005：1-2.

［2］　LU W, KAISHUN W, MOUNIR H. Combating Hidden and Exposed Terminal Problems in Wireless Networks [J]. IEEE Transactions on Wireless Communications, 2012, 11（11）：4204-4213.

第3章

chapter 3

无线局域网视频传输仿真

本章介绍无线局域网视频传输原理，包括视频编解码基本概念、IEEE 802.11e 协议基本原理以及常见的视频评价标准，让读者了解 H.264 编码工具的使用，以及 IEEE 802.11e 协议对视频传输的影响，并能用 NS-2 工具进行分析。

3.1 预 备 知 识

3.1.1 H.264 视频编解码

H.264 视频编码标准由 ITU-T 和 MPEG 共同制定，在业界产生巨大影响。事实上 H.264 标准属于 MPEG-4 家族，即 MPEG-4 ISO-14496 第 10 部分，又称 MPEG-4/AVC。同 MPEG-4 重点考虑灵活性和交互性不同，H.264 着重考虑提高图像质量和增加压缩比，强调更高编码压缩率和传输可靠性，在数字电视广播、实时视频通信、流媒体等领域具有广泛应用。H.264 编码更节省码流，抗误码能力较强，可适应丢包率高、干扰严重的无线信道，获得平稳的图像传输质量。H.264 标准使运动图像压缩技术上升到一个更高阶段，在较低带宽上提供高质量图像传输，很好适应了运营商接入网带宽有限的状况。在编码框架方面，H.264 仍采用与前期标准类似的块结构的混合编码框架，主要结构如图 3.1 所示。

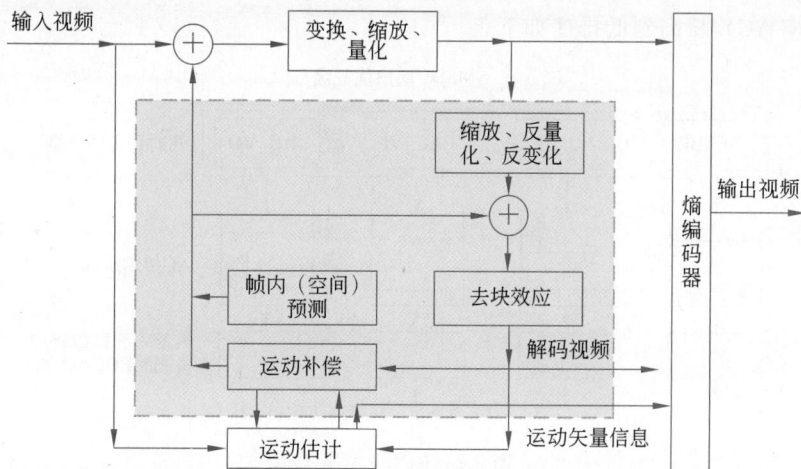

图 3.1　H.264 编码架构示意图

H.264 编码过程中,每帧图像被分为 1 或多个条带进行编码,每个条带包含多个宏块。宏块是 H.264 的基本编码单元,其基本结构含一个 16×16 亮度像素块和两个 8×8 色度像素块,以及其他宏块头信息。对宏块编码时,每个宏块会分割成多种不同大小子块进行预测。帧内预测采用的块大小可能为 16×16 或 4×4,帧间预测/运动补偿采用的块可能有 7 种不同形状: 16×16、16×8、8×16、8×8、8×4、4×8 和 4×4。相比早期标准只按照宏块或者半个宏块进行运动补偿,H.264 的这种更细分宏块分割方法提供了更高预测精度和编码效率。在变换编码方面,针对预测残差数据进行的变换块大小为 4×4 或 8×8。相比仅支持 8×8 大小的变换块的早期版本,H.264 避免了变换/逆变换中经常出现的失配问题。

同前期标准类似,H.264 条带也有不同类型,其中最常用的有 I 条带(帧内编码条带只包含 I 宏块)、P 条带(单向帧间编码条带,可能包含 P 宏块和 I 宏块)和 B 条带(双向帧间编码条带,可能包含 B 宏块和 I 宏块)等。为支持码流切换还扩展定义了 SI 和 SP 片。视频编码功能如预测编码、变化量化、熵编码等,主要工作在条带层或以下,该层常被称为视频编码层(Video Coding Layer,VCL)。在条带层以上的数据和算法常称为网络抽象层(Network Abstraction Layer,NAL),其意义在于提升 H.264 格式视频对网络传输和数据存储的亲和性。

3.1.2　IEEE 802.11e 协议

IEEE 802.11e 标准定义了无线局域网 MAC 层的服务质量,支持语音、视频等多媒体业务的应用。该标准扩展了原 IEEE 802.11 MAC 层的 DCF 和 PCF 信道接入机制,增加了混合协调功能(Hybrid Coordination Function,HCF),形成了增强型分布式信道访问(Enhanced Distributed Channel Access,EDCA)和 HCF 控制的信道访问(HCF Controlled Channel Access,HCCA)接入规范。前者增强了 DCF 机制,区分不同业务的优先级,保障高优先级业务的信道接入能力,并在一定程度上保障了高优先级业务的带宽。后者增强了 PCF 机制,通过无线接入点(Query Access Point,QAP)的集中控制,以轮询方式分配空口资源,提供改善的访问带宽并且减少了高优先级业务的时延。本章仿真实验考虑 EDCA,如图 3.2 所示,可提供 4 个不同优先级,可称为接入类别(Access Categories,AC),从高到低排序如下。

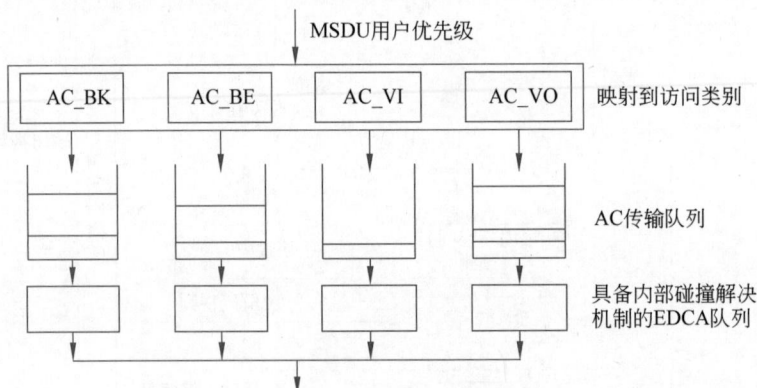

图 3.2　EDCA 示意图

（1）语音服务（Voice，AC_VO）：一般为 VoIP（Voice over Internet Protocol）流量，对时延最敏感，也是优先级最高的流量。

（2）视频服务（Video，AC_VI）：视频流量优先级低于语音服务，高于其他两项。视频服务也是时延敏感类型的服务。

（3）尽力传输（Best-Effort，AC_BE）：默认的无线流量类型即 Best-Effort 类型，如网页访问的数据流量类型。对于时延有一定需求，但不太敏感。

（4）背景流量（Background，AC_BK）：对时延要求最不敏感的流量，如文件传输、打印作业的流量。

为支持 EDCA 接入类别优先级，IEEE 802.11e 标准定义了竞争窗口（Contention Window，CW）更新，并给出了 CW 更新的边界值 CWmin 和 CWmax，具体见表 3.1。

表 3.1　CW 边界计算

访问类别（AC）	CWmin	CWmax
Background（AC_BK）	aCWmin	aCWmax
Best-Effort（AC_BE）	aCWmin	aCWmax
Video（AC_VI）	(aCWmin+1)/2-1	aCWmin
Voice（AC_VO）	(aCWmin+1)/4-1	(aCWmin+1)/2-1

计算遵循的步骤：①确定接入类别，每个类别对应不同流量类型和优先级，如语音、视频等；②选择物理层，不同物理层传输速率和媒介特性不同，可能需不同设置 CW；③定义 aCWmin 和 aCWmax，物理层不同，基值 aCWmin 和 aCWmax 不同。

除信道接入机制增强，IEEE 802.11e 还引入 Block ACK、DLS、No-ACK 等技术，有效提高无线信道带宽和吞吐量。在许多后续 IEEE 802.11 协议设计中都用到了 IEEE 802.11e 的主要思想。

（1）IEEE 802.11n 在 IEEE 802.11e 的 TXOP 和 Block ACK 基础上，进一步演进协议的 MAC 层效率，以及节能模式的引入。

（2）IEEE 802.11s 规范了网状拓扑网络中 IEEE 802.11 的工作原理，采用的多信道 MAC 层接入方式基于 EDCA。

（3）IEEE 802.11z 继续深化 IEEE 802.11e 中的直接链路设置，其与通信网所提的设备到设备（Device to Device，D2D）概念相同，且应用广泛。

（4）IEEE 802.11ae 进一步规范了 IEEE 802.11 协议控制帧，完善了 IEEE 802.11 协议的服务质量（Quality of Service，QoS）体系。

3.1.3　视频质量评价指标

视频质量评价分主观和客观两类，其中主观评价由人眼观看后对视频质量进行评价（评分），而客观评价则采用统计学方法评价。为对无线局域网视频传输性能进行分析，本实验采用客观指标峰值信噪比（Peak Signal to Noise Ratio，PSNR）进行评价。

在无线局域网中，链路存在随机丢包且部分视频传输采用 UDP，而 UDP 无可靠性保

证,致使接收端收到的视频帧不完整。为表征无线局域网视频传输性能,采用如下公式计算:

$$PSNR = 10lg \frac{(2^n - 1)^2}{MSE} \tag{3.1}$$

其中,n 表示编码时采用的比特深度,如 8bit 情况下 n 为 8;MSE 表示收到的视频与源视频的均方差,具体定义如下:

$$MSE = \frac{1}{m \cdot n} \sum_{m-1}^{i=0} \sum_{n-1}^{j=0} [I(i,j) - K(i,j)]^2 \tag{3.2}$$

方差表示波动性,方差越小则波动越小、越稳定。PSNR 计算公式将方差作为分母,再取对数,因而 PSNR 值越高表明接收到的视频质量越好,单位为 dB。通常,PSNR 高于 40dB 表示画质极好(接近原始视频);PSNR 在 30~40dB 表示画质较好(有失真但可接受);PSNR 在 20~30dB 表示画质差;PSNR 小于 20dB 则表示画质不可接受。

3.2　实　验　环　境

EvalVid 框架由 Jirka Klaue 等提出,其提供了完整框架和相关工具集,以便进行统一的视频传输质量评估。其具有模块化结构的特点,可根据实际需要替换底层传输协议、应用层视频编/解码器,支持不同格式视频。该框架可用于实测和仿真环境,且所有工具实现都采用 C 语言。图 3.3 为 EvalVid 框架的工作流程,更多详细内容可查阅文献。

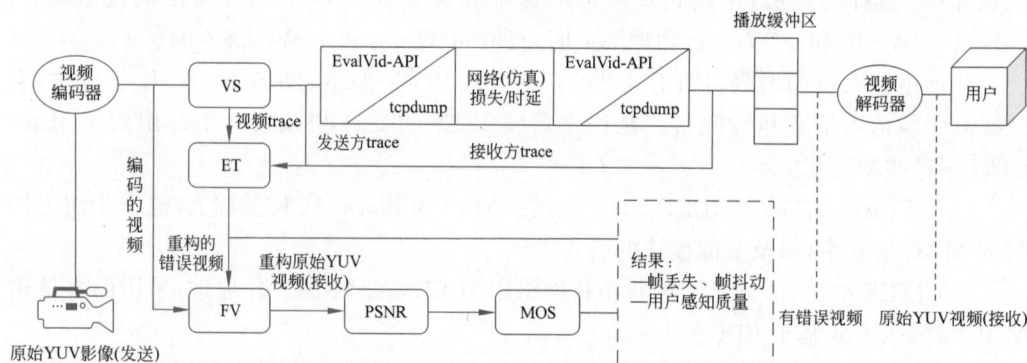

图 3.3　EvalVid 框架的工作流程

3.3　实　验　步　骤

3.3.1　扩展 NS-2 仿真工具

为实现视频传输仿真,NS-2 需扩展应用层(文件夹为 myevalvid)和 MAC 层模块(文件夹为 802_11e),模块代码可从本书电子资源中获得。将文件夹 myevalvid 整体复制至 /home/wiotlab/WIoTLab/tools/ns2/ns-2.35,802_11e 文件夹复制至 /home/wiotlab/WIoTLab/tools/

ns2/ns-2.35/mac,并按以下步骤修改 NS-2 源码。注意,所有修改都为/home/wiotlab/ WIoTLab/tools/ns2/ns-2.35 路径下的文件。

1. 应用层扩展

(1) 修改 common/packet.h 文件,增加以下加粗部分内容,可搜索"int aomdv_salvage_ count_;"快速定位修改位置。

```
struct hdr_cmn {
    ...
    //扩展开始
    nsaddr_t prev_hop_;                      //下一跳转发 IP 地址
    nsaddr_t next_hop_;                      //数据包下一跳
    int addr_type_;                          //下一跳地址类型
    nsaddr_t last_hop_;
    //AOMDV 补丁
    int aomdv_salvage_count_;
    int frametype_;                          //MPEG 视频传输帧类型
    double sendtime_;                        //发送时间
    unsigned long int frame_pkt_id_;
    ...
```

(2) 修改 common/agent.h 文件,增加以下加粗部分内容,可搜索 inline packet_t get_ pkttype()快速定位修改位置。

```
class Agent: public Connector {
public:
    Agent(packet_t pktType);
    virtual ~Agent();
    ...
    void set_pkttype(packet_t pkttype) { type_ = pkttype; }
    inline packet_t get_pkttype() { return type_; }
    inline void set_frametype(int type) { frametype_ = type; }
    inline void set_prio(int prio) { prio_ = prio; }
protected:
    ...
    int prio_;                               //IPv6 优先级字段
    int flags_;                              //实验目的
    int defttl_;                             //数据包默认
    int frametype_;                          //MPEG 视频传输帧类型
    ...
```

(3) 修改 common/agent.cc 文件,增加以下加粗部分内容,可搜索 ch->error() = 0 快速定位修改位置。

```
Agent::Agent(packet_t pkttype):
    size_(0), type_(pkttype),
    channel_(0), traceName_(NULL), frametype_(0),
    oldValueList_(NULL), app_(0), et_(0)
{
}
...
Agent::initpkt(Packet * p) const
{
    ...
    ch->error() = 0;                          /* 开始时数据包无错误 */
    ch->frametype_ = frametype_;
    ...
```

（4）修改 tcl/lib/ns-default.tcl 文件，在其最后增加以下内容。

```
Agent/my_UDP set packetSize_ 1000
Tracefile set debug_ 0
```

（5）修改 **Makefile.in** 文件，增加以下加粗部分内容，可搜索 **apps/pbc.o** 快速定位修改位置。

```
...
wpan/p802_15_4csmaca.o wpan/p802_15_4fail.o \
wpan/p802_15_4hlist.o wpan/p802_15_4mac.o \
wpan/p802_15_4nam.o wpan/p802_15_4phy.o \
wpan/p802_15_4sscs.o wpan/p802_15_4timer.o \
wpan/p802_15_4trace.o wpan/p802_15_4transac.o \
apps/pbc.o \
myevalvid/my_udp.o myevalvid/myevalvid_sink.o myevalvid/myevalvid.o \
...
```

上述文件修改后，需重新编译，切换至 ns-2.35 的同级目录，然后执行./install 重新安装。

2. 扩展 IEEE 802.11e 协议

（1）修改 **common/packet.h** 文件，增加以下加粗部分内容，可搜索 ♯define HDR_LMS(p)快速定位修改位置。

```
...
#define HDR_LMS(p) (hdr_lms::access(p))
#define HDR_MAC802_11E(p) ((hdr_mac802_11e *)hdr_mac::access(p))
...
```

（2）修改 **mac/wireless-phy.h** 文件，更新以下加粗部分内容，可搜索"**MobileNode * node_;**"快速定位修改位置。

```
...
//MobileNode * node_;              //Mobile Node to which interface is attached
enum ChannelStatus { SLEEP, IDLE, RECV, SEND, RECVING, SENDING};
...
```

（3）修改 tcl/lib/ns-default.tcl 文件，在其最后增加以下内容。

```
Queue/DTail set drop_front_ false
Queue/DTail set summarystats_ false
Queue/DTail set queue_in_bytes_ false
Queue/DTail set mean_pktsize_ 500
Queue/DTail/PriQ set Prefer_Routing_Protocols 1
Queue/DTail/PriQ set Max_Levels 4
Queue/DTail/PriQ set Levels 4
Mac/802_11e set SlotTime_ 0.000020              ;#20 微秒
Mac/802_11e set SIFS_ 0.000010                  ;#10 微秒
Mac/802_11e set PreambleLength_ 144             ;#144 比特
Mac/802_11e set PLCPHeaderLength_ 48            ;#48 比特
Mac/802_11e set PLCPDataRate_ 1.0e6             ;#1Mb/s
Mac/802_11e set RTSThreshold_ 3000              ;#3000 字节
Mac/802_11e set ShortRetryLimit_ 7
Mac/802_11e set LongRetryLimit_ 4
```

（4）修改 tcl/lan/ns-mac.tcl 文件，增加以下加粗部分内容，可搜索 **Mac/Multihop set hlen_ 16** 快速定位修改位置。

```
    ...
    Mac/Multihop set hlen_ 16
}
if [TclObject is-class Mac/802_11e] {
    Mac/802_11e set delay_ 64us
    Mac/802_11e set ifs_ 16us
    Mac/802_11e set slotTime_ 16us
    Mac/802_11e set cwmin_ 16
    Mac/802_11e set cwmax_ 1024
    Mac/802_11e set rtxLimit_ 16
    Mac/802_11e set bssId_ -1
    Mac/802_11e set sifs_ 8us
    Mac/802_11e set pifs_ 12us
    Mac/802_11e set difs_ 16us
    Mac/802_11e set rtxAckLimit_ 1
```

```
       Mac/802_11e set rtxRtsLimit_ 3
       Mac/802_11e set basicRate_ 1Mb        ;#如果需使用 bandwidth,将该变量设置为 0
       Mac/802_11e set dataRate_ 1Mb         ;#控制和数据包
       Mac/802_11e set cfb_ 0                ;#关闭 CFB
   }
   ...
```

（5）修改 tcl/lib/ns-lib.tcl 文件,增加以下加粗部分内容,可搜索 source ../mobility/com.tcl 快速定位修改位置。

```
...
source ../mobility/com.tcl
source ../../mac/802_11e/priority.tcl
...
```

（6）修改 tcl/lib/ns-mobilenode.tcl 文件,增加以下加粗部分内容,可搜索 $ ifq set limit_ $ qlen 快速定位修改位置。

```
...
$ifq set limit_ $qlen
if {$qtype == "Queue/DTail/PriQ"} {
    priority ifq
}
...
if {$mactype == "Mac/802_11"} {
    $mac nodes [$god_ num_nodes]
}
if {$mactype == "Mac/802_11e"} {
    $mac nodes [$god_ num_nodes]
}
...
```

（7）修改 Makefile.in 文件,增加以下加粗部分内容,可搜索-I./wpan 和 apps/pbc.o 快速定位修改位置。

```
...
-I./wpan -I./802_11e
...
wpan/p802_15_4csmaca.o wpan/p802_15_4fail.o \
wpan/p802_15_4hlist.o wpan/p802_15_4mac.o \
wpan/p802_15_4nam.o wpan/p802_15_4phy.o \
wpan/p802_15_4sscs.o wpan/p802_15_4timer.o \
wpan/p802_15_4trace.o wpan/p802_15_4transac.o \
```

```
apps/pbc.o \
mac/802_11e/mac-802_11e.o mac/802_11e/priq.o \
mac/802_11e/d-tail.o mac/802_11e/mac-timers_802_11e.o \
…
tcl/lib/ns-qsnode.tcl \
mac/802_11e/priority.tcl \
…
```

上述文件修改后,需重新编译,切换至 ns-2.35 的同级目录,然后执行./install 重新安装。

3.3.2　视频处理流程

本实验采用 YUV 格式视频源(网址见附录 B 说明和"无线网络技术教学研究平台"),实验前需按如下步骤进行视频数据处理,以便被 NS-2 仿真器使用。所有视频处理工具见"无线网络技术教学研究平台"。

(1) 将 YUV 视频编码为 MPEG4 格式,使用 **xvid_encraw** 工具。假设视频的帧率为30,文件名为 **foreman_qcif.yuv**,视频分辨率为 352×288 像素。

```
$./xvid_encraw - i foreman_qcif.yuv - w 352 - h 288 - framerate 30 - max_key_
interval 30 - o a01.m4v
```

(2) 将 M4V 格式文件转为 MP4 文件,其中包含视频样本(帧)和一个提示轨道,使用 **MP4Box** 工具,具体如下:

```
$./MP4Box - hint - mtu 1024 - fps 30 - add a01.m4v a01.mp4
```

(3) 使用 EvalVid 中的 **mp4trace** 工具生成仿真所需的数据文件,其中的 IP 地址和端口号可任意,具体如下:

```
$./mp4trace - f - s 192.168.0.2 12346 a01.mp4 > st_a01
```

经过上述三步操作,生成了从 YUV 视频到 NS-2 仿真所需的数据,保存在上面所说的 st_a01 文件中。NS-2 仿真结束后,假设生成了 sd_a01(每个数据包发送时间)和 rd_a01(每个数据包接收时间)文件,其保存了仿真产生的视频相关的数据。

(4) 根据上述数据,使用 **etmp4** 工具重建接收端接收到的视频,即删除原视频在传输过程中丢失和损坏的帧。

```
$./etmp4 - f - 0 sd_a01 rd_a01 st_a01 a01.mp4 a01e
```

(5) 使用 **ffmpeg** 工具将 MP4 视频转为 YUV 视频,并利用 **psnr** 工具计算原视频和目标视频的 PSNR 值,具体如下:

```
$ ffmpeg -i a01e.mp4 a01e.yuv
$./psnr 352 288 420 foreman_qcif.yuv a01e.yuv
```

3.3.3 视频传输仿真

1. 简单视频传输

本实验建立了简单的有线链路,包含发送和接收节点各 1 个、路由节点 2 个,具体代码如下所示。

```
set ns [new Simulator]
set nd [open lab3.tr w]
$ns trace-all $nd
set max_fragmented_size 1024
set packetSize 1052
set s1 [$ns node]
set r1 [$ns node]
set r2 [$ns node]
set d1 [$ns node]
$ns duplex-link $s1 $r1 10Mb 1ms DropTail
$ns simplex-link $r1 $r2 640kb 1ms DropTail
$ns simplex-link $r2 $r1 640Mb 1ms DropTail
$ns duplex-link $r2 $d1 10Mb 1ms DropTail
set qr1r2 [[$ns link $r1 $r2] queue]
$qr1r2 set limit_ 50
set udp1 [new Agent/my_UDP]
$ns attach-agent $s1 $udp1
$udp1 set packetSize_ $packetSize
$udp1 set_filename sd_a01
set null1 [new Agent/myEvalvid_Sink]
$ns attach-agent $d1 $null1
$ns connect $udp1 $null1
$null1 set_filename rd_a01
set original_file_name st_a01
set trace_file_name video1.dat
set original_file_id [open $original_file_name r]
set trace_file_id [open $trace_file_name w]
set pre_time 0
while {[eof $original_file_id] == 0} {
    gets $original_file_id current_line
    scan $current_line "%d%s%d%d%f" no_ frametype_ length_ tmp1_ tmp2_
    set time [expr int(($tmp2_ - $pre_time) * 1000000.0)]
    if { $frametype_ == "I" } {
```

```
        set type_v 1
        set prio_p 0
    }
    if { $frametype_ == "P" } {
        set type_v 2
        set prio_p 0
    }
    if { $frametype_ == "B" } {
        set type_v 3
        set prio_p 0
    }
    if { $frametype_ == "H" } {
        set type_v 1
        set prio_p 0
    }
    puts $trace_file_id "$time $length_ $type_v $prio_p $max_fragmented_size"
    set pre_time $tmp2_
}
close $original_file_id
close $trace_file_id
set end_sim_time $tmp2_
puts "$end_sim_time"
set trace_file [new Tracefile]
$trace_file filename $trace_file_name
set video1 [new Application/Traffic/myEvalvid]
$video1 attach-agent $udp1
$video1 attach-tracefile $trace_file

proc finish {} {
    global ns nd
    $ns flush-trace
    close $nd
    exit 0
}
$ns at 0.0 "$video1 start"
$ns at $end_sim_time "$video1 stop"
$ns at [expr $end_sim_time + 1.0] "$null1 closefile"
$ns at [expr $end_sim_time + 1.0] "finish"
$ns run
```

根据上述脚本代码，可按如下操作完成实验。

（1）使用 Ctrl＋Alt＋T 组合键打开终端，并用 **cd/home/wiotlab/WIoTLab/exps/lab3** 命令切换路径，接着使用 **touch lab3_lan.tcl** 命令创建脚本文件，将上述代码录入该文

件中。

(2) 执行视频处理流程的步骤(1)~(3)(数据文件名与步骤中一致),准备仿真所需的发送数据。假设 YUV 视频文件为 foreman_qcif.yuv。

(3) 执行 ns lab3_lan.tcl 命令运行脚本,可获得仿真实验结果数据,其中与视频相关的数据文件为 sd_a01 和 rd_a01。

(4) 执行视频处理流程的步骤(4)和(5),得到视频 PSNR,也可使用 YUV 工具查看传输后的结果。

需注意,上述操作所使用视频、工具(使用 chmod 命令增加执行权限)和脚本代码位于相同的文件夹中。

2. IEEE 802.11e 无线视频传输

本实验建立了简单的无线网络,包含发送和接收节点各 1 个,具体代码如下所示。

```tcl
proc getopt {argc argv} {
    global opt
        lappend optlist nn
        for {set i 0} {$i < $argc} {incr i} {
        set opt($i) [lindex $argv $i]
    }
}
#1 映射类型 (0: 802.11e, 1: 静态映射, 2: 动态映射);
#2 语音流数量  (AC_3) ;
#3 视频流数量  (AC_2) ;
#4 TCP 流数量  (AC_1) ;
#5 CBR 流数量  (AC_0) ;

getopt $argc $argv
set packetSize   1500
set max_fragmented_size   1024
set val(chan)        Channel/WirelessChannel    ;#信道类型
set val(prop)        Propagation/TwoRayGround    ;#射频传播模型
set val(netif)       Phy/WirelessPhy             ;#网络接口类型
set val(mac)         Mac/802_11e                 ;#MAC 类型
set val(ifq)         Queue/DTail/PriQ            ;#接口队列类型
set val(ll)          LL                          ;#链路层类型
set val(ant)         Antenna/OmniAntenna         ;#天线模型
set val(ifqlen)      50                          ;#ifq 最大包数量
set val(rp)          AODV
set opt(choice)      $opt(0)
set opt(voiceflow)   $opt(1)
set opt(videoflow)   $opt(2)
set opt(TCPflow)     $opt(3)
```

```
set opt(CBRflow)          $opt(4)
Mac/802_11e set dataRate_              1.0e6        ;#1Mb/s
Mac/802_11e set basicRate_             1.0e6        ;#1Mb/s
set ns [new Simulator]
set f [open lab2.tr w]
$ns trace-all $f
set topo        [new Topography]
$topo load_flatgrid 500 500
create-god 2
set chan [new $val(chan)]
$ns node-config -adhocRouting $val(rp) \
              -llType $val(ll) \
              -macType $val(mac) \
              -ifqType $val(ifq) \
              -ifqLen $val(ifqlen) \
              -antType $val(ant) \
              -propType $val(prop) \
              -phyType $val(netif) \
              -channel $chan \
              -topoInstance $topo \
              -agentTrace OFF \
              -routerTrace OFF \
              -macTrace OFF \
              -movementTrace OFF


for {set i 0} {$i < 2} {incr i} {
      set node_($i) [$ns node]
      $node_($i) random-motion 0
}
$node_(0) set X_ 30.0
$node_(0) set Y_ 30.0
$node_(0) set Z_ 0.0
$node_(1) set X_ 200.0
$node_(1) set Y_ 30.0
$node_(1) set Z_ 0.0

#第1优先级流量 (VoIP)
for {set i 0} {$i < $opt(voiceflow) } {incr i} {
    set udpA_($i) [new Agent/UDP]
    $udpA_($i) set prio_ 0
    $ns attach-agent $node_(0) $udpA_($i)
    set nullA_($i) [new Agent/Null]
    $ns attach-agent $node_(1) $nullA_($i)
```

```
$ns connect $udpA_($i) $nullA_($i)
set voip_($i) [new Application/Traffic/CBR]
$voip_($i) attach-agent $udpA_($i)
$voip_($i) set packet_size_ 160
$voip_($i) set rate_ 64k
$voip_($i) set random_ false
$ns at 5.0 "$voip_($i) start"
$ns at 50.0 "$voip_($i) stop"
}


#第2优先级流量(Video)
for {set i 0} {$i < $opt(videoflow) } {incr i} {
    set udp($i) [new Agent/my_UDP]
    $ns attach-agent $node_(0) $udp($i)
    $udp($i) set packetSize_ $packetSize
    $udp($i) set_filename sd_a01
    set null($i) [new Agent/myEvalvid_Sink]
    $ns attach-agent $node_(1) $null($i)
    $ns connect $udp($i) $null($i)
    $null($i) set_filename rd_a01
    set original_file_name($i) st_a01
    set trace_file_name($i) video($i).dat
    set original_file_id($i) [open $original_file_name($i) r]
    set trace_file_id($i) [open $trace_file_name($i) w]
    set pre_time 0
    set totalByte_I 0
    set totalByte_P 0
    set totalByte_B 0
    set totalPkt_I 0
    set totalPkt_P 0
    set totalPkt_B 0
    while {[eof $original_file_id($i)] == 0} {
        gets $original_file_id($i) current_line
        scan $current_line "%d%s%d%d%f" no_ frametype_ length_ tmp1_ tmp2_
        set time [expr int(($tmp2_ - $pre_time) * 1000000.0)]
        if { $frametype_ == "I" } {
            set type_v 1
            set prio_p 1
            set totalByte_I [expr int($totalByte_I + $length_)]
            set totalPkt_I [expr int($totalPkt_I + $tmp1_)]
        }
        if { $frametype_ == "P" } {
            set type_v 2
```

```
                set prio_p 1
                set totalByte_P  [expr int($totalByte_P + $length_)]
                set totalPkt_P [expr int($totalPkt_P + $tmp1_)]
            }
            if { $frametype_ == "B" } {
                set type_v 3
                set prio_p 1
                set totalByte_B  [expr int($totalByte_B + $length_)]
                set totalPkt_B [expr int($totalPkt_B + $tmp1_)]
            }
            if { $frametype_ == "H" } {
                set type_v 1
                set prio_p 1
                set totalByte_I  [expr int($totalByte_I + $length_)]
                set totalPkt_I [expr int($totalPkt_I + $tmp1_)]
            }
            puts  $trace_file_id($i) "$time $length_ $type_v $prio_p $max_
fragmented_size"
            set pre_time $tmp2_
    }
    set totalPkt [expr int($totalPkt_I+$totalPkt_P+$totalPkt_B)]
    set totalByte  [expr int($totalByte_I+$totalByte_P+$totalByte_B)]
    close $original_file_id($i)
    close $trace_file_id($i)
    set end_sim_time $tmp2_
    puts "end_sim_time: $end_sim_time"
    set trace_file($i) [new Tracefile]
    $trace_file($i) filename $trace_file_name($i)
    set video($i) [new Application/Traffic/myEvalvid]
    $video($i) attach-agent $udp($i)
    $video($i) attach-tracefile $trace_file($i)
    $ns at [expr 0.1] "$video($i) start"
    $ns at [expr 50.0] "$video($i) stop"
    $ns at [expr 50.0] "$null($i) closefile"
    $ns at [expr 50.0] "$null($i) printstatus"
}
#第 3 优先级流量(CBR)
for {set i 0} {$i < $opt(CBRflow) } {incr i} {
    set udpB_($i) [new Agent/UDP]
    $udpB_($i) set prio_ 2
    $ns attach-agent $node_(0) $udpB_($i)
    set nullB_($i) [new Agent/Null]
    $ns attach-agent $node_(1) $nullB_($i)
```

```
        $ns connect $udpB_($i) $nullB_($i)
        set cbr_($i) [new Application/Traffic/CBR]
        $cbr_($i) attach-agent $udpB_($i)
        $cbr_($i) set packet_size_ 200
        $cbr_($i) set rate_ 125k
        $cbr_($i) set random_ false
        $ns at 20.0 "$cbr_($i) start"
        $ns at 35.0 "$cbr_($i) stop"
}
#第4优先级流量 (TCP)
for {set i 0} {$i < $opt(TCPflow) } {incr i} {
        set tcp($i) [new Agent/TCP]
        $tcp($i) set prio_ 3
        $ns attach-agent $node_(0) $tcp($i)
        set sink($i) [new Agent/TCPSink]
        $ns attach-agent $node_(1) $sink($i)
        $ns connect $tcp($i) $sink($i)
        set ftp($i) [new Application/FTP]
        $ftp($i) set type_ FTP
        $ftp($i) attach-agent $tcp($i)
        $ns at 15.0 "$ftp($i) start"
        $ns at 30.0 "$ftp($i) stop"
}

set n0_ifq [$node_(0) set ifq_(0)]
$n0_ifq set choice $opt(choice)
$n0_ifq set threshold1 10              #队列长度下阈值
$n0_ifq set threshold2 40              #队列长度上阈值
$n0_ifq set prob0 0                    #Prob_I
$n0_ifq set prob1 0.6                  #Prob_P
$n0_ifq set prob2 0.9                  #Prob_B
for {set i 0} {$i < 2} {incr i} {
        $ns initial_node_pos $node_($i) 30
        $ns at 50.0 "$node_($i) reset";
}
$ns at 50.0 "finish"
$ns at 50.1 "puts \"NS EXITING...\"; $ns halt"
proc finish {} {
        global ns f
        $ns flush-trace
        close $f
}
puts "Starting Simulation..."
$ns run
```

在上述代码中,MAC 层采用了 IEEE 802.11e 协议,且设置为默认。根据上述脚本代码,可按如下操作完成实验。

(1) 使用 **Ctrl＋Alt＋T** 组合键打开终端,并用 **cd /home/wiotlab/WIoTLab/exps/lab3** 命令切换路径,接着使用 **touch 802_11e.tcl** 命令创建脚本文件,将上述代码录入该文件中。

(2) 执行视频处理流程的步骤(1)～(3)(数据文件名与步骤中一致),准备仿真所需的发送数据。假设 YUV 视频文件为 **foreman_qcif.yuv**。

(3) 执行 **ns 802_11e.tcl 2 1 1 1 1** 命令运行脚本,可获得仿真实验结果数据,其中与视频相关的数据文件为 **sd_a01** 和 **rd_a01**。

(4) 执行视频处理流程的步骤(4)和(5),得到视频 PSNR,也可使用 YUV 工具查看传输后的结果。

同第一个实验,上述操作所使用视频、工具(使用 **chmod** 命令增加执行权限)和脚本代码位于相同的文件夹中。

3.4 扩展练习

本章实验展示了两个简单网络场景的视频传输仿真过程,读者可参照上述示例自行设计网络场景,探索 IEEE 802.11e 协议的性能。还可自行调研基于 HTTP 的动态自适应视频流媒体(Dynamic Adaptive Streaming over HTTP,DASH)和自适应帧率(Adaptive Frame Rate,AFR)等前沿技术,进一步深入探索。

参 考 文 献

[1] FRANK R, HANS V D B, XIANG F, et al. A Performance Study on Service Integration in IEEE 802.11e Wireless LANs[J]. Computer Communications, 2006, 29: 2621-2633.

[2] COSTA-PEREZ X, CAMPS-MUR D, SASHIHARA T. Analysis of the Integration of IEEE 802.11e Capabilities in Battery Limited Mobile Devices[J]. IEEE Wireless Communications, 2005, 12(6): 26-32.

[3] COSTA-PEREZ X, CAMPS-MUR D, ALBERT V. On Distributed Power Saving Mechanisms of Wireless LANs 802.11e U-APSD vs 802.11 Power Save Mode[J]. Computer Networks, 2007, 51: 2326-2344.

[4] JIRKA K, BERTHOLD R, ADAM W. EvalVid-A Framework for Video Transmission and Quality Evaluation[C].//Proc. of International Conference on Modelling Techniques and Tools for Computer Performance Evaluation, 2003: 255-272.

[5] HE D. SHEN C Q. Simulation Study of IEEE 802.11e EDCF[C].//Proc. of VTC 2003-Spring, 2003: 685-689.

[6] MENG Z, WANG T, SHEN Y, et al. Enabling High Quality Real-Time Communications with Adaptive Frame-Rate[C].//Proc. of NSDI, 2023: 1429-1450.

第 4 章

无线自组网路由协议仿真

本章分析无线自组网路由协议,包括路由协议设计思路和性能评价、基于真实地图生成仿真场景、AODV 和 DSR 的工作过程及性能分析等。

4.1 预 备 知 识

4.1.1 无线自组网概述

无线自组网(Ad Hoc Network)是一种特殊的无线网络,不依赖任何固定基础设施(基站或接入点)。移动节点动态创建并管理网络连接,可在无基础设施的情况下快速部署。具体可参见《无线网络技术》第 6 章。以下是无线自组网的一些关键特征。

(1)自组织性:网络中的节点能够自动配置和重新配置,以维持网络的最佳性能。

(2)动态性:节点的移动性导致网络拓扑频繁变化。

(3)无中心:网络中无固定的中心节点,所有节点平等,并可同时充当路由器和终端。

(4)多跳路由:由于无线通信范围有限,节点通常需通过其他节点中继来传输数据。

(5)有限的资源:节点通常受到处理能力、存储空间和电源的限制。

无线自组网主要应用在以下场景。

(1)军事通信:在战场环境中,士兵和设备需要快速建立通信网络。

(2)户外探险、紧急响应:户外探险环境往往无通信基站,或在自然灾害等其他紧急情况下,固定通信设施可能受损,无线自组网可迅速建立。

(3)移动会议:参与者可通过自组织网络进行无线通信。

(4)传感器网络:在环境监测、智能交通系统等领域,传感器节点可以自组织形成网络,进行数据收集和传输。

无线自组网适于需要快速部署和高度灵活性的场合,重点考虑路由问题、能量管理、网络管理、拥塞控制、安全性等问题。本章主要仿真分析无线自组网路由协议。

4.1.2 无线自组网路由协议分类

无线自组网路由协议大致可分为以下几类,每类中都有一些典型协议。

（1）先验式路由协议：优化链路状态路由（Optimized Link State Routing，OLSR），节点通过洪泛链路状态信息来维护整体网络拓扑，并使用 Dijkstra 算法计算最短路径；目标序列距离向量路由（Destination-Sequenced Distance-Vector Routing，DSDV），周期性地广播路由更新来维护路由表，每个路由更新中包含一个序列号，以确保路由信息的最新性并避免路由环路；分区多播路由（Partitioning Multicast Routing，PMR），用于在自组网中支持多播通信。

（2）按需路由协议：动态源路由（Dynamic Source Routing，DSR），源节点在数据包中包含完整的路由信息，不需要周期性地交换路由信息；自组织按需距离向量路由（Ad Hoc On-Demand Distance Vector Routing，AODV），源节点在需要时发送路由请求（Route Request，RREQ），目标节点或中间节点回应路由回复（Route Reply，RREP）。

（3）混合路由协议：区域路由协议（Zone Routing Protocol，ZRP），结合了先验式和按需路由协议的特点，节点维护一个局部区域内的路由信息，而跨区域通信则按需建立路由；簇头网关交换路由（Cluster-head Gateway Switch Routing，CGSR）协议，将网络划分为簇，各簇有一个簇头，簇头之间进行路由。

（4）地理位置路由协议：贪婪周边无状态路由（Greedy Perimeter Stateless Routing，GPSR），利用节点的地理位置信息，贪婪地选择下一跳节点，直到无法找到更接近目标的节点；受限边界转发（Constrained Border Forwarding，CBF），在 GPSR 的基础上增加了对障碍物的处理。

上述各类路由协议特点各异，适于不同应用场景和需求，如先验式路由协议适合节点移动性较低的网络，而按需路由协议适合节点移动性较高的网络。混合路由协议试图结合两者的优点。地理位置路由协议则适用于节点能获取自身地理位置信息的网络环境。在选择路由协议时，需要根据网络的具体需求和条件来决定。

4.1.3 AODV 协议工作过程

AODV 协议中节点仅在需要时才建立和维护路由，从而节省网络资源。AODV 工作的详细过程如下。

（1）路由发现：当源节点 S 需要向目标节点 D 发送数据，但它没有到 D 的路由信息时，会启动路由发现过程。源节点 S 广播一个 RREQ 消息，包含源节点地址、目标节点地址、序列号、跳数计数器等信息。每个收到 RREQ 的中间节点检查是否已经有一条到目标节点 D 的路由，如无，则记录从源节点 S 到自己的反向路径，并继续广播 RREQ。

（2）**RREQ 传播**：RREQ 消息在网络中传播，所经过的节点都会增加跳数值，并记录到达自己的前一跳节点。如果节点之前已收到过具有相同序列号的 RREQ，则丢弃该重复 RREQ。当 RREQ 到达目标节点 D 或一个拥有到 D 的有效路由的中间节点时，路由发现过程结束。

（3）路由回复：目标节点 D 或拥有有效路由的中间节点（响应节点）会单播发送一个 RREP 消息回源节点 S。RREP 消息包含目标节点地址、源节点地址、序列号、跳数、生存期等信息。RREP 沿 RREQ 建立的反向路径传播。在 RREP 返回源节点 S 的过程中，沿途每个节点都会在路由表中建立到目标节点 D 的路由条目，并记录到目标节点的下一跳。

（4）数据传输：一旦源节点 S 接收到 RREP，它就可开始向目标节点 D 发送数据包。数据包会根据路由表被逐跳转发，直至目标节点 D。

（5）路由维护：如果路由中的某个链路失效，节点会发送路由错误（Route Error，RERR）消息通知上游节点。收到 RERR 消息的节点会更新自己的路由表，移除失效路由，并可启动新的路由发现过程。每个路由条目有生存期，如果该时间内无数据传输，路由条目会被删除以节省资源。

4.1.4 DSR 协议工作过程

类似 AODV 协议，DSR 协议允许节点在无须维护全局路由信息的情况下发送数据包。DSR 主要包含路由发现和路由维护两个过程，具体如下。

1. 路由发现

当源节点需发送数据包到目标节点且无有效路由信息时，DSR 会启动路由发现过程，具体为：①源节点广播 1 个 RREQ，其包含源节点地址、目标节点地址和唯一标识符；②中间节点收到 RREQ 后，检查是否已处理过该 RREQ（避免环路），若无则记录从哪个邻节点接收到该 RREQ，并将该邻节点地址添加到 RREQ 中的路由记录列表中，然后继续广播 RREQ；③目标节点收到 RREQ 或中间节点缓存中有到目标节点的路由时，节点单播 1 个 RREP 回源节点，RREP 包含从目标节点到源节点的路由信息，该信息就是 RREQ 中的路由记录列表的逆序；④源节点收到 RREP 后，会将这条新发现的路由存储在路由缓存中，并使用这条路由发送数据包。

2. 路由维护

路由维护过程：①失效检测。当某节点试图通过某条链路发送数据包，但失败了（如未收到确认），它会认为这条链路失效。②**RERR 消息传播**。发现链路失效的节点生成一个 RERR 消息，并将其发送给那些可能使用该失效链路的上游节点。③路由修复。收到 RERR 消息的节点会尝试从其路由缓存中找到替代路由，若找到则会更新数据包头部信息，并继续发送该数据包。若未找到替代路由则将 RERR 消息继续向上游传播；④路由重发现。若无可用的缓存路由，源节点可能需重新发起路由发现过程，以找到新的到目标节点的路由。

DSR 协议适于那些节点移动性强、带宽有限、网络拓扑变化频繁的无线自组网环境。不要求节点维护全局路由信息，因此能有效地减少控制开销。

4.1.5 SUMO 生成 NS-2 仿真场景

1. 安装 SUMO 工具及其依赖库

（1）安装 SUMO 工具。在 Ubuntu 系统中按 **Ctrl＋Alt＋T** 组合键打开终端，然后在终端中逐条执行下述命令：

```
$sudo add-apt-repository ppa:sumo/stable
$sudo apt-get update
$sudo apt-get install sumo sumo-tools sumo-doc
```

（2）安装 SUMO 库。从 SUMO 源码包网站下载压缩包 **sumo-src-0.32.0.tar.gz**，将其复制至 **/home/wiotlab/WIoTLab/tools** 目录中并解压（文件夹名为 sumo），然后在 ~/.bashrc 文件中添加环境变量，即 **export SUMO_HOME＝/home/wiotlab/WIoTLab/tools/sumo**。

2. 利用真实地图生成 NS-2 无线自组网实验场景

（1）打开浏览器，在地址栏输入 OpenStreetMap 的 URL。在地图上选择自己关注的区域并导出（文件后缀：.osm，本章实验文件名：**lab4.osm**），如图 4.1 所示。

图 4.1　OpenStreetMap 导出地图过程见序号（①→②→③→④）

（2）在 Ubuntu 系统中按 **Ctrl＋Alt＋T** 组合键打开终端，然后执行命令 **cd /home/wiotlab/WIoTLab/exps/lab4** 切换到实验目录（**lab4.osm** 已放置在该目录中），紧接着运行以下命令：

```
$netconvert --osm-files lab4.osm -o lab4.net.xml
$polyconvert --osm-files lab4.osm --net-file lab4.net.xml --type-file $SUMO_
HOME/data/typemap/osmPolyconvert.typ.xml -o lab4.poly.xml
$python $SUMO_HOME/tools/randomTrips.py -n lab4.net.xml -r lab4.rou.xml -e
100 -l
```

（3）在前述实验目录中创建配置文件 **lab4.sumo.cfg**，并输入下述配置内容，然后执行命令 **sumo-gui lab4.sumo.cfg**，得到如图 4.2 所示的界面。

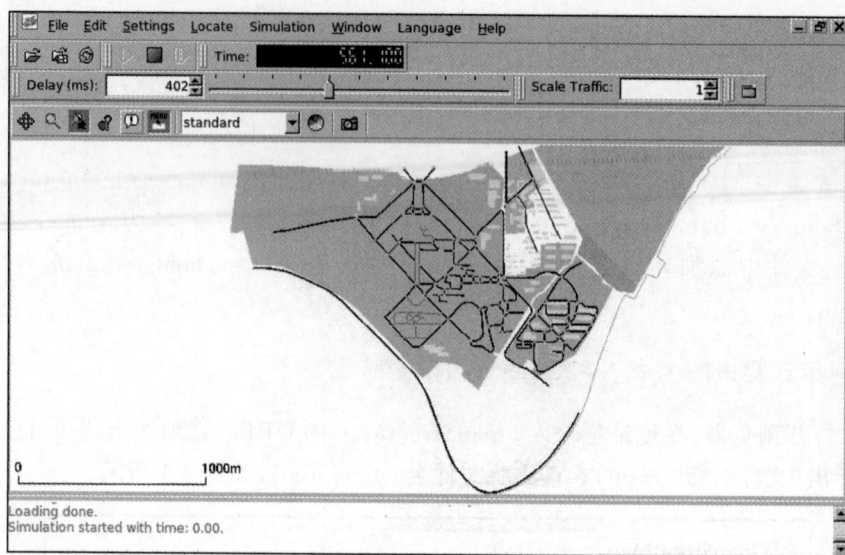

图 4.2   sumo-gui 加载配置后的结果

```
<configuration>
    <input>
        <net-file value="lab4.net.xml"/>
        <route-files value="lab4.rou.xml"/>
        <additional-files value="lab4.poly.xml"/>
    </input>
    <time>
        <begin value="0"/>
        <end value="100"/>
        <step-length value="0.1"/>
    </time>
</configuration>
```

（4）导出 NS-2 场景脚本。在前述目录中，终端下执行以下命令，可得到 NS-2 仿真所需的 **lab4_mobility.tcl**，仿真区域大小可从文件 **lab4.tcl** 中获得。

```
$sumo -c lab4.sumo.cfg --fcd-output lab4.sumo.xml
$python $SUMO_HOME/tools/traceExporter.py --fcd-input lab4.sumo.xml --
ns2config-output lab4.tcl --ns2activity-output lab4_activity.tcl --
ns2mobility-output lab4_mobility.tcl
```

注意，由于 SUMO 生成的 **lab4_mobility.tcl** 中存在负坐标，导致实际使用时会报错，需利用下述的 awk（工具网址见附录 B 说明和"无线网络技术教学研究平台"）脚本进行错误纠正。

```
BEGIN {
}
```

```
{
    if ((NF > 6) && ($6 <= 0)) next;
    else print $0;
}
END {
}
```

在终端命令行执行下述命令生成最终的场景文件 **lab4_scen.tcl**，假设上述脚本保存的文件名为 **correct_scen.awk**。

```
$awk -f correct_scen.awk lab3_mobility.tcl > lab3_scen.tcl
```

(5) 使用生成的网络场景文件。下面以一段简单的仿真代码为例，展示使用方法。

```
set val(chan) Channel/WirelessChannel
set val(prop) Propagation/TwoRayGround
set val(netif) Phy/WirelessPhy
set val(mac) Mac/802_11
set val(ifq) Queue/DropTail/PriQueue
set val(ll) LL
set val(ant) Antenna/OmniAntenna
set val(ifqlen) 50
set val(nn) 92                    ;#该值要根据 lab4.tcl 给出的数值来设置
set val(rp) AODV
set opt(x) 4707                   ;#该值要略大于 lab4.tcl 中给出 x 的范围
set opt(y) 3002                   ;#该值要略大于 lab4.tcl 中给出 y 的范围

set ns_ [new Simulator]
set tracefd [open lab4.tr w]
$ns_ trace-all $tracefd

set namf [open lab4.nam w]
$ns_ namtrace-all-wireless $namf $opt(x) $opt(y)
set topo [new Topography]
$topo load_flatgrid $opt(x) $opt(y)
create-god $val(nn)

$ns_ node-config -adhocRouting $val(rp) \
            -llType $val(ll) \
            -macType $val(mac) \
            -ifqType $val(ifq) \
            -ifqLen $val(ifqlen) \
            -antType $val(ant) \
```

```
                    -propType $val(prop) \
                    -phyType $val(netif) \
                    -channelType $val(chan) \
                    -topoInstance $topo \
                    -agentTrace ON \
                    -routerTrace ON \
                    -macTrace OFF \
                    -movementTrace ON

for {set i 0} {$i < $val(nn)} {incr i} {
    set node_($i) [$ns_ node]
    $node_($i) random-motion 0
    $ns_ initial_node_pos $node_($i) 20
}
source lab4_scen.tcl                    ;//务必要创建节点后再导入

set tcp [new Agent/TCP]
$tcp set class_ 2
set sink [new Agent/TCPSink]
$ns_ attach-agent $node_(0) $tcp
$ns_ attach-agent $node_(22) $sink
$ns_ connect $tcp $sink
set ftp [new Application/FTP]
$ftp attach-agent $tcp
$ns_ at 10.0 "$ftp start"
for {set i 0} {$i < $val(nn) } {incr i} {
    $ns_ at 100.0 "$node_($i) reset";
}
$ns_ at 100.0 "stop"
$ns_ at 100.01 "$ns_ halt"
proc stop {} {
    global ns_ tracefd
    $ns_ flush-trace
    close $tracefd
}
$ns_ run
```

4.2　实验环境

　　本实验使用 NS-2 自带的 AODV 协议和 DSR 协议,不需扩展任何其他模块。实验
环境为 Ubuntu 20.04.1＋VirtualBox 6.1.50,具体环境配置过程可参照第 1 章的实验。
后续实验无特别说明时,将采用下述地图生成的 NS-2 仿真场景,如图 4.3 所示。

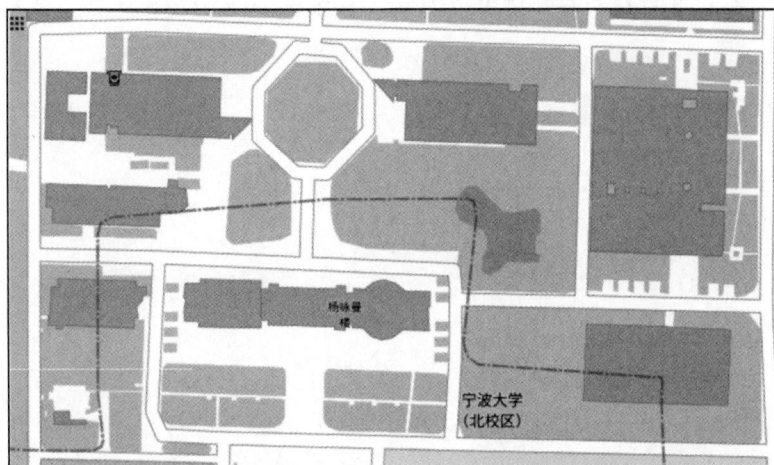

图 4.3　SUMO 生成 NS-2 仿真场景使用的真实地图

4.3　实 验 步 骤

4.3.1　路由协议设计

在路由协议设计时,需明确路由类型,如按需路由和地理位置路由有所不同,地理位置路由无单独路由表,利用节点位置信息计算下一跳。NS-2 中路由协议设计需完成:设计路由转发表(地理位置路由忽略)、路由协议头部和路由代理等功能模块,同时修改 NS-2 的 **packet.h**、**priqueue.cc**、**ns-lib.tcl**、**ns-packet.tcl**、**ns-mobilenode.tcl** 和 **Makefile.in** 等文件。详细路由协议设计思路,可参考 Francisco J. Ros 的文献(网址见附录 B 说明和“无线网络技术教学研究平台”)。

由于地理位置易获取,地理位置贪婪转发路由受到广泛关注,其基本思想:在需要发送数据包时,源节点会添加一个包含目标 ID 和位置的头部。源节点将数据包发给距离目标最近的邻节点。从邻节点接收到数据包后,如果存在比自身更接近目标的邻节点,该节点就会转发数据包。如果没有比自身更接近的邻节点,即所谓局部最小值,它将直接丢弃数据包。当数据包到达目标时,路由过程完成。详细设计过程可参考 Kazuya Sakai 的文献(网址见附录 B 说明和“无线网络技术教学研究平台”)。

4.3.2　路由协议评价

在无线自组网路由协议性能评价方面,本章将从平均吞吐量、数据包投递率和归一化路由负载展开,指标具体定义如下。

(1) 平均吞吐量:指单位时间内正确接收到的数据包数量,可表示为

$$T_a = \frac{8 \cdot R_d}{E_t - S_t} \tag{4.1}$$

其中,T_a 为平均吞吐量,R_d 为接收端成功接收的数据总量,E_t 为传输结束时间,S_t 为传

输开始时间。乘以 8 旨在使吞吐量单位为 b/s，详细的 awk 分析脚本如下所示。

```
BEGIN {
    recvdSize = 0;
    startTime = 400;
    stopTime = 0;
}
{
    event = $1;
    time = $2;
    pkt_size = $8;
    level = $4;
    if (level == "AGT" && event == "s" && pkt_size >= 512) {
        if (time < startTime) {
            startTime = time;
        }
    }
    if (level == "AGT" && event == "r" && pkt_size >= 512) {
        if (time > stopTime) {
            stopTime = time;
        }
        recvdSize += pkt_size;
    }
}
END {
    printf("Average Throughput [kbps] = %.2f\tstartTime=%.2f\tstopTime=%.2f\n",
    (recvdSize/(stopTime-startTime)) * (8/1000),startTime,stopTime);
}
```

（2）数据包投递率：指所有目标节点收到的数据包与发送节点发送的数据包数量的比值，投递率越高则路由性能越好。详细的 awk 分析脚本如下所示。

```
BEGIN {
    sendLine = 0;
    recvLine = 0;
    fowardLine = 0;
    if(mseq==0)
        mseq=10000;
        for(i=0;i<mseq;i++){
            rseq[i]=-1;
            sseq[i]=-1;
        }
}
$0 ~/^s.* AGT/ {
```

```
        sendLine++;
    }
$0 ~/^r.* AGT/{
        recvLine++;
    }
$0 ~/^f.* RTR/ {
        fowardLine++;
    }
END {
        printf "Sent: % d, Received: % d, Delivery Ratio:%.4f \n", sendLine,
    recvLine, (recvLine/sendLine);
    }
```

（3）归一化路由负载：指所有节点路由包的数量与数据包数量的比值，路由负载越高则路由协议性能越差。详细的 awk 分析脚本如下所示。

```
BEGIN {
        recvd=0;
        rt_pkts=0;
    }
    {
        if (( $1 == "r") && ( $7 == "cbr" || $7 =="tcp" ) && ( $4=="AGT" )) recvd++;
        if (($1 == "s" || $1 == "f") && $4 == "RTR" &&
            ($7 =="AODV" || $7 =="message" || $7 =="DSR")) rt_pkts++;
    }
END {
        printf("Normalized Routing Load: %.5f\n", rt_pkts/recvd);
    }
```

4.3.3　AODV 协议分析

本实验将分析 AODV 协议的性能，评价指标如 4.3.2 节所述，仿真场景来自真实地图数据且节点数为 98（具体可根据 SUMO 生成的结果确定）。具体实验脚本如下（仿真场景文件由 SUMO 生成，此处不再列出）：

```
set val(chan)      Channel/WirelessChannel      ;#信道类型
set val(prop)      Propagation/TwoRayGround      ;#射频传播模型
set val(netif)     Phy/WirelessPhy               ;#网络接口类型
set val(mac)       Mac/802_11                    ;#MAC 类型
set val(ifq)       Queue/DropTail/PriQueue       ;#接口队列类型
set val(ll)        LL                            ;#链路层类型
set val(ant)       Antenna/OmniAntenna           ;#无线模型
set val(ifqlen)    50                            ;#ifq 最大包数量
```

```
set val(nn)       98                              ;#移动节点数量
set val(rp)       AODV                            ;#路由协议
set val(x)        391
set val(y)        500
set val(stop)     100.0                           ;#传真结束时间

set ns_ [new Simulator]
set topo       [new Topography]
$topo load_flatgrid $val(x) $val(y)
create-god $val(nn)

set tracefile [open AODV.tr w]
$ns_ trace-all $tracefile

set namfile [open AODV.nam w]
$ns_ namtrace-all $namfile
$ns_ namtrace-all-wireless $namfile $val(x) $val(y)
set chan [new $val(chan)]

$ns_ node-config -adhocRouting  $val(rp) \
                -llType         $val(ll) \
                -macType        $val(mac) \
                -ifqType        $val(ifq) \
                -ifqLen         $val(ifqlen) \
                -antType        $val(ant) \
                -propType       $val(prop) \
                -phyType        $val(netif) \
                -channel        $chan \
                -topoInstance   $topo \
                -energyModel "EnergyModel" \
                -initialEnergy 50 \
                -txPower 0.09 \
                -rxPower 0.07 \
                -idlePower 0.01 \
                -sleeppower 0.0001 \
                -transitionPower 0.02 \
                -transitionTime 0.0005 \
                -agentTrace    ON \
                -routerTrace   ON \
                -macTrace      ON \
                -movementTrace ON

for {set i 0} {$i < $val(nn) } { incr i } {
```

```
    set node_($i) [$ns_ node]
    $ns_ initial_node_pos $node_($i) 20
}
source lab4_scen.tcl

set udp0 [new Agent/UDP]
$ns_ attach-agent $node_(0) $udp0
set null1 [new Agent/Null]
$ns_ attach-agent $node_(97) $null1
$ns_ connect $udp0 $null1
$udp0 set packetSize_ 1500
set cbr0 [new Application/Traffic/CBR]
$cbr0 attach-agent $udp0
$cbr0 set packetSize_ 1000
$cbr0 set rate_ 1.0Mb
$cbr0 set random_ null
$ns_ at 2.0 "$cbr0 start"
$ns_ at $val(stop) "$cbr0 stop"

proc finish {} {
    global ns_ tracefile namfile
    $ns_ flush-trace
    close $tracefile
    close $namfile
    exec nam AODV.nam &
    exit 0
}
for {set i 0} {$i < $val(nn) } { incr i } {
    $ns_ at $val(stop) "\$node_($i) reset"
}
$ns_ at $val(stop) "$ns_ nam-end-wireless $val(stop)"
$ns_ at $val(stop) "finish"
$ns_ at $val(stop) "puts \"done\" ; $ns_ halt"
$ns_ run
```

　　根据上述脚本代码,可按如下操作完成实验。

　　(1) 使用 **Ctrl＋Alt＋T** 组合键打开终端,并用 **cd /home/wiotlab/WIoTLab/exps/lab4** 命令切换路径,接着使用 **touch AODV.tcl** 命令创建脚本文件,将上述代码录入该文件中。

　　(2) 按 4.1.5 节的过程,生成实验所需的仿真场景脚本(脚本名与前述保持一致),修改 **AODV.tcl** 脚本文件,根据实际生成场景修改其 **val(nn)** 的值,同时确保仿真场景文件也放置在 **AODV.tcl** 相同目录。

　　(3) 在命令行终端运行 **ns AODV.tcl** 执行脚本,成功后会得到 AODV.tr、AODV.

nam 等数据文件,其中 AODV.tr 是待处理的记录。

(4) 分析协议平均吞吐量(4.3.2 节对应代码存为 thp.awk 文件)、数据包投递率(4.3.2 节对应代码存为 pdr.awk 文件)、归一化路由负载(4.3.2 节对应代码存为 nrl.awk 文件),具体如下所述。

平均吞吐量:在命令行终端运行 awk -f thp.awk AODV.tr,可得到结果 Average Throughput [kbps] = 818.47 startTime=2.00 stopTime=99.99。

数据包投递率:在命令行终端运行 awk -f pdr.awk AODV.tr,可得到结果 Sent:12251,Received:9829, Delivery Ratio:0.8023。

归一化路由负载:在命令行终端运行 awk -f nrl.awk AODV.tr,可得到结果 Normalized Routing Load:0.00997。

4.3.4 DSR 协议分析

本实验将分析 DSR 性能,实验代码与 4.3.3 节相同,但需将 val(rp)的值改为 DSR、set tracefile [open AODV.tr w]修改为 set tracefile [open DSR.tr w]、set namfile [open AODV.nam w]修改为 set namfile [open DSR.nam w],其他保持不变。具体实验步骤如下。

(1) 使用 Ctrl+Alt+T 组合键打开终端,并用 cd /home/wiotlab/WIoTLab/exps/lab4 命令切换路径,接着使用 touch DSR.tcl 命令创建脚本文件,将 4.3.3 节实验代码录入该文件中并做相应修改。

(2) 按 4.1.5 节的过程,生成实验所需的仿真场景脚本(名称与前述保持一致),修改 DSR.tcl 代码文件,根据实际生成的场景修改其 val(nn)的值,同时确保仿真场景文件也放置在 DSR.tcl 相同目录下。

(3) 在命令行终端运行 ns DSR.tcl 执行脚本,成功后会得到 DSR.tr、DSR.nam 等数据文件,其中 DSR.tr 是待处理的记录。

(4) 分析协议平均吞吐量(4.3.2 节对应代码存为 thp.awk 文件)、数据包投递率(4.3.2 节对应代码存为 pdr.awk 文件)、归一化路由负载(4.3.2 节对应代码存为 nrl.awk 文件),具体如下所述。

平均吞吐量:在命令行终端运行 awk -f thp.awk DSR.tr,可得到结果 Average Throughput [kbps] = 802.60 startTime=2.00 stopTime=99.99。

数据包投递率:在命令行终端运行 awk -f pdr.awk DSR.tr,可得到结果 Sent:12251,Received:9831, Delivery Ratio:0.8025。

归一化路由负载:在命令行终端运行 awk -f nrl.awk DSR.tr,可得到结果 Normalized Routing Load:0.00020。

与 AODV 相比,部署 DSR 协议时平均吞吐量略低,但数据包投递率有少量提升,且协议本身带来的负载更低。

4.4　扩 展 练 习

　　本章介绍了无线自组网路由的基本概念和设计思路,并展示了如何用真实地图数据生成 NS-2 仿真场景。基于生成场景数据,设计实验脚本,完整分析了 AODV 和 DSR 两个协议的性能。读者可从以下几方面继续扩展:

　　(1) 分析更多的无线自组网路由协议,能更加全面了解不同应用场景的协议性能。

　　(2) 利用本章给出的 SUMO 生成 NS-2 仿真场景的步骤,生成更多场景进行分析。

　　(3) 发散思维,扩展更多的路由性能评价指标,如能耗、比特代价等。

参 考 文 献

[1]　KEMAL A, MOHAMED Y. A Survey on Routing Protocols for Wireless Sensor Networks[J]. Ad Hoc Networks,2005,3(3):325-349.

[2]　MOHAPATRA S, KANUNGO P. Performance Analysis of AODV, DSR, OLSR and DSDV Routing Protocols using NS-2 Simulator[J]. Procedia Engineering,2012,30:69-76.

第 5 章

chapter 5

低速无线个域网仿真

本章介绍低速无线个域网的基本特点、原理、应用场景等,利用 NS-2 仿真分析代表性的低速无线个域网标准,旨在让读者了解低速无线个域网的设计原理和应用过程。

5.1 预 备 知 识

5.1.1 低速无线个域网

无线个域网(Wireless Personal Area Network,WPAN)的覆盖范围通常在半径 10m 以内,主要技术包括蓝牙(Bluetooth)、超宽带(Ultra Wide Band,UWB)、ZigBee 等。具体可参见《无线网络技术》第 8 章内容。

低速无线个域网(Low Rate WPAN,LR-WPAN)可实现低速率、低功耗、低成本设备之间的无线通信,具有易安装、可靠传输、短距离通信、极低功耗和协议简单灵活等特点,IEEE 802.15.4 是其核心标准。在 IEEE 802.15.4 基础上,ZigBee 提供了完整网络层和应用层协议,而 6LoWPAN 引入 IPv6 使得 LR-WPAN 设备方便接入互联网。LR-WPAN 广泛用于智能家居、远程医疗和工业控制等领域。目前,LR-WPAN 路由尚无统一标准,大多为 AODV 简化或改进版本。

LR-WPAN 核心组件:①协调器,控制和监控已建立网络。根据范围可分为 PAN 协调器和普通协调器两种,前者充当个域网(Personal Area Network,PAN)整体的协调器,而后者则在集群(网络的一部分)范围内发挥作用,与 PAN 协调器通信。②设备/端节点,可以是精简功能设备(Reduced Function Device,RFD)或全功能设备(Full Function Device,FFD),其中 FFD 支持 49 个原语,可作为 PAN 协调器、普通协调器、端节点(设备),任何非协调器的设备都是端节点(设备);RFD 只能作为端节点(设备),最多支持 38 个原语,适用于电灯开关等简单应用,定期向协调器发送关于其监控设备状态的信息。③个人操作空间(Personal Operating Space,POS),节点在所有方向上的操作范围,且无论处于运动状态还是静止状态,都是一个常数。

在网络拓扑方面,LR-WPAN 支持三种不同类型的拓扑结构(见图 5.1),即星状(PAN 协调器主控制)、P2P(FFD 与 PAN 协调器、FFD 间都可通信)和簇树(簇头(FFD)与 PAN 协调器通信)。

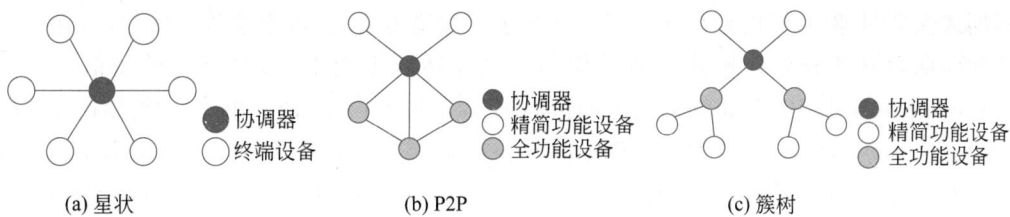

(a) 星状   (b) P2P   (c) 簇树

图 5.1 LR-WPAN 支持的拓扑类型

5.1.2 IEEE 802.15.4

IEEE 802.15.4 由物理层和 MAC 层组成,上层为不同应用程序,如图 5.2 所示。物理层负责启用和停止无线电收发、能量检测、链路质量指示、信道选择、空闲信道评估,以及在物理介质上发送和接收数据包。MAC 层则负责信标管理、通道访问、保证时隙管理、帧验证、确认帧交付、关联和解除关联等。

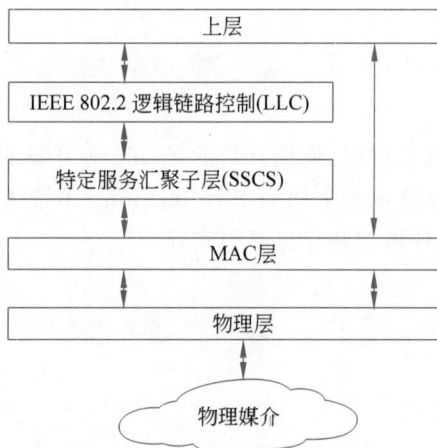

图 5.2 IEEE 802.15.4 架构

为使网络通信能高效、节能,IEEE 802.15.4 定义了如图 5.3 所示的超帧(Superframe)结构,其是一种时间分配机制,可确保网络设备在正确时间进行通信。

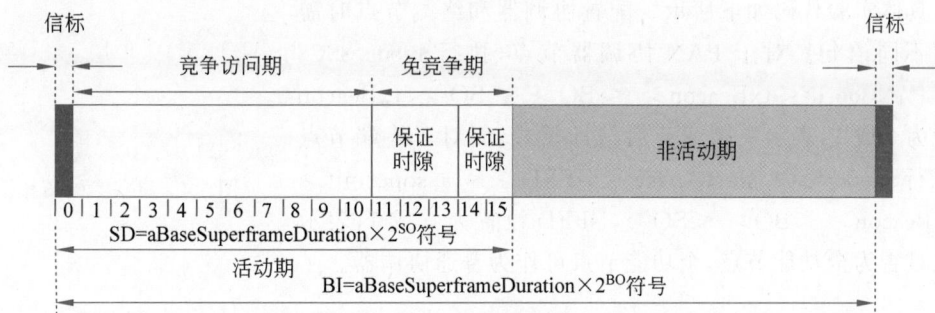

图 5.3 超帧结构示意图

在竞争访问周期内,网络中每个设备采用 CSMA/CA 方式竞争传输数据。在无竞争周期或保证时隙内,低时延应用的设备被赋予了通道专有权,可直接传输数据,且在竞争访问周期后立即开始。超帧分活跃期和可选非活跃期两部分,整个超帧的信标间隔(Beacon Interval,BI)与超帧规范中的信标阶(Beacon Order,BO)相关,而超帧持续时间(Superframe Duration,SD)则由超帧阶(Superframe Order,SO)决定。在 IEEE 802.15.4—2006 规范中,aBaseSlotDuration 为 60symbols,而 aBaseSuperframeDuration 为 aBaseSlotDuration 乘以时隙数。若时隙数为 16(见图 5.3),则其 symbol 数量为 960。由于 SD=aBaseSuperframeDuration×2^{SO},且假设 SO 为 0,则 SD 的 symbol 数为 960。在 2.4GHz 信道中,每个 symbol 时间为 16μs,因而 SD 的持续时间为 15.36ms。调整 SO 值可以控制超帧的持续时间,而调整 BO 可控制超帧间隔。

通常 IEEE 802.15.4 网络可工作于信标模式和非信标模式。信标模式下,协调器定期发送数据包或信标,促使所有节点在信标之间进入睡眠态,并在信标定时器到期时醒来,准备接收来自协调器的信标。超帧结构仅适用于信标模式网络。在非信标网络中,超帧结构被禁用,节点通过 CSMA/CA 竞争信道访问。

5.2　实　验　环　境

本实验采用 NS-2 仿真器源码(使用自带的 Zheng 等开发的 802.15.4 模块,具体网址见附录 B 说明和"无线网络技术教学研究平台"),Linux 系统为 Ubuntu 20.04 且运行在 VirtualBox 6.18 中。具体环境安装详见导引实验。

5.3　实　验　步　骤

5.3.1　星状拓扑实验

构建如图 5.4 所示的星状拓扑,包含 7 个节点,其中节点 0 为 PAN 协调器节点,开启 Beacon 功能,节点 1~6 为终端节点。数据在节点 0→1 和节点 0→3 间传输,采用 TCP/FTP 应用。

具体实验代码如下所示。配置协调器和终端节点时需使用不同语句。对于 PAN 协调器节点,执行 $node SSCS StartPANCoord <txBeacon> <BO> <SO>,txBeacon 设置为 0 或 1,表示关闭或开启信标模式;而对于终端节点则执行 $node SSCS startDevice <isFFD> <assopermit> <txBeacon> <BO> <SO>,isFFD 设置为 0 或 1,表示节点是否为全功能节点,全功能节点可作为普通协调器。

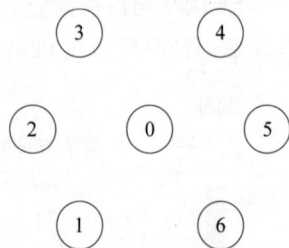

图 5.4　星状实验拓扑

```
set val(chan)        Channel/WirelessChannel
set val(prop)        Propagation/TwoRayGround
set val(netif)       Phy/WirelessPhy/802_15_4
```

```
set val(mac)            Mac/802_15_4
set val(ifq)            Queue/DropTail/PriQueue
set val(ll)             LL
set val(ant)            Antenna/OmniAntenna
set val(ifqlen)         150
set val(nn)             7
set val(rp)             AODV
set val(x)              50
set val(y)              50
set appTime1            7.0
set appTime2            7.1
set appTime3            7.2
set stopTime            100


set ns_         [new Simulator]
set tracefd     [open star.tr w]
$ns_ trace-all $tracefd
set namtrace    [open star.nam w]
$ns_ namtrace-all-wireless $namtrace $val(x) $val(y)
#默认关闭,开启后其他 wpanNam 命令才能工作
Mac/802_15_4 wpanNam namStatus on
Mac/802_15_4 wpanCmd verbose on
#设置 CSThresh_和 RXThresh_阈值,传播模型为 TwoRayGround
set dist(5m)    7.69113e-06
set dist(10m)   1.92278e-06
set dist(15m)   8.54570e-07
set dist(20m)   4.80696e-07
set dist(25m)   3.07645e-07
set dist(30m)   2.13643e-07
set dist(35m)   1.56962e-07
set dist(40m)   1.20174e-07
Phy/WirelessPhy set CSThresh_ $dist(15m)
Phy/WirelessPhy set RXThresh_ $dist(15m)
#创建拓扑和信道实例
set topo        [new Topography]
$topo load_flatgrid $val(x) $val(y)
set god_ [create-god $val(nn)]
set chan_1_ [new $val(chan)]
#配置节点, 务必在实例化节点前完成
$ns_ node-config -adhocRouting $val(rp) \
        -llType $val(ll) \
        -macType $val(mac) \
        -ifqType $val(ifq) \
```

```
            -ifqLen $val(ifqlen) \
            -antType $val(ant) \
            -propType $val(prop) \
            -phyType $val(netif) \
            -topoInstance $topo \
            -agentTrace ON \
            -routerTrace OFF \
            -macTrace ON \
            -movementTrace OFF \
            -channel $chan_1_
```

```
#实例化节点，设置节点位置，设置节点类型
for {set i 0} {$i < $val(nn) } {incr i} {
    set node_($i) [$ns_ node]
    $node_($i) random-motion 0
}
$node_(0) set X_ 25
$node_(0) set Y_ 25
$node_(0) set Z_ 0
$node_(1) set X_ 20
$node_(1) set Y_ 16.34
$node_(1) set Z_ 0
$node_(2) set X_ 15
$node_(2) set Y_ 25
$node_(2) set Z_ 0
$node_(3) set X_ 20
$node_(3) set Y_ 33.66
$node_(3) set Z_ 0
$node_(4) set X_ 30
$node_(4) set Y_ 33.66
$node_(4) set Z_ 0
$node_(5) set X_ 35
$node_(5) set Y_ 25
$node_(5) set Z_ 0
$node_(6) set X_ 30
$node_(6) set Y_ 16.34
$node_(6) set Z_ 0
for {set i 0} {$i < $val(nn)} {incr i} {
    $ns_ initial_node_pos $node_($i) 3
}
#PAN 协调器节点标签
$ns_ at 0.0   "$node_(0) NodeLabel PAN Coor"
#启动协调器，默认 beacon 使能，BO 和 SO 都为 3
```

```
$ns_ at 0.0   "$node_(0) sscs startPANCoord"
#启动 FFD 节点, beacon 关闭, BO 和 SO 也为 3
$ns_ at 0.5   "$node_(1) sscs startDevice 1 0"
$ns_ at 1.5   "$node_(2) sscs startDevice 1 0"
$ns_ at 2.5   "$node_(3) sscs startDevice 1 0"
$ns_ at 3.5   "$node_(4) sscs startDevice 1 0"
$ns_ at 4.5   "$node_(5) sscs startDevice 1 0"
$ns_ at 5.5   "$node_(6) sscs startDevice 1 0"
#流建立函数
proc ftptraffic { src dst starttime } {
    global ns_ node_
    set tcp($src) [new Agent/TCP]
    $tcp($src) set packetSize_ 50
    set sink($dst) [new Agent/TCPSink]
    $ns_ attach-agent $node_($src) $tcp($src)
    $ns_ attach-agent $node_($dst) $sink($dst)
    $ns_ connect $tcp($src) $sink($dst)
    set ftp($src) [new Application/FTP]
    $ftp($src) attach-agent $tcp($src)
    $ns_ at $starttime "$ftp($src) start"
}
ftptraffic 0 1 $appTime1
ftptraffic 0 3 $appTime3
#仿真结束处理
for {set i 0} {$i < $val(nn) } {incr i} {
    $ns_ at $stopTime "$node_($i) reset"
}
proc stop {} {
    global ns_ tracefd
    $ns_ flush-trace
    close $tracefd
    close $namtrace
}
$ns_ at $stopTime "stop"
$ns_ at $stopTime "$ns_ halt"
#开始仿真
$ns_ run
```

根据上述脚本代码,可按如下操作完成实验。

(1) 使用 Ctrl＋Alt＋T 组合键打开终端,并用 **cd /home/wiotlab/WIoTLab/exps/lab5** 命令切换路径,接着使用 **touch Star.tcl** 命令创建脚本文件,将上述代码录入该文件中。

(2) 在命令行终端运行 **ns Star.tcl** 执行脚本,成功后会得到 Star.tr、Star.nam 等数据文件,其中 Star.tr 是待处理的记录。

（3）分析协议平均吞吐量(4.3.2 节对应代码存为 tput.awk 文件)、数据包投递率(4.3.2 节对应代码存为 pdr.awk 文件),具体如下。

平均吞吐量:在命令行终端运行 awk -f tput.awk Star.tr,可得到结果 Average Throughput [kbps] = 61.88 startTime=7.24 stopTime=99.99。

数据包投递率:在命令行终端运行 awk -f pdr.awk Star.tr,可得到结果 Sent:16002,Received:15837,Delivery Ratio:0.9897。

（4）若需查看 nam 动画,可在命令行终端运行 nam Star.nam,查看仿真过程。

5.3.2　P2P 拓扑实验

构建如图 5.5 所示的 P2P 实验拓扑,包含 11 个节点:节点 0 为 PAN 协调器节点,开启了 Beacon 功能;节点 1～5 为普通协调器节点;节点 6～10 为普通终端节点。8.3s 和 8.6s 时节点 1→6 和 4→10 产生 TCP/FTP 流,并在 100s 时结束。

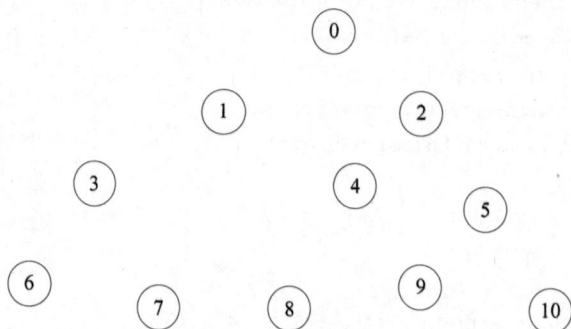

图 5.5　P2P 实验拓扑

具体实验代码如下所示。配置协调器和终端节点时需使用不同语句,如星状拓扑实验所述。$ node sscs startBeacon <BO> <SO>表示启动节点信标模式,并传入 BO 和 SO 参数。

```
set val(chan)      Channel/WirelessChannel
set val(prop)      Propagation/TwoRayGround
set val(netif)     Phy/WirelessPhy/802_15_4
set val(mac)       Mac/802_15_4
set val(ifq)       Queue/DropTail/PriQueue
set val(ll)        LL
set val(ant)       Antenna/OmniAntenna
set val(ifqlen)    50
set val(nn)        11
set val(rp)        AODV
set val(x)         50
set val(y)         50
```

```
set appTime1        8.3
set appTime2        8.6
set stopTime        100

Mac/802_15_4 wpanCmd verbose on
Mac/802_15_4 wpanNam namStatus on

#Initialize Global Variables
set ns_             [new Simulator]
set tracefd      [open P2P.tr w]
$ns_ trace-all $tracefd
set namtrace     [open P2P.nam w]
$ns_ namtrace-all-wireless $namtrace $val(x) $val(y)

set dist(15m) 8.54570e-07
Phy/WirelessPhy set CSThresh_ $dist(15m)
Phy/WirelessPhy set RXThresh_ $dist(15m)

#set up topography object
set topo        [new Topography]
$topo load_flatgrid $val(x) $val(y)

#Create God
set god_ [create-god $val(nn)]

set chan_1_ [new $val(chan)]

#configure node

$ns_ node-config -adhocRouting $val(rp) \
        -llType $val(ll) \
        -macType $val(mac) \
        -ifqType $val(ifq) \
        -ifqLen $val(ifqlen) \
        -antType $val(ant) \
        -propType $val(prop) \
        -phyType $val(netif) \
        -topoInstance $topo \
        -agentTrace ON \
        -routerTrace OFF \
        -macTrace ON \
        -movementTrace OFF \
        -channel $chan_1_
```

```
for {set i 0} {$i < $val(nn) } {incr i} {
    set node_($i) [$ns_ node]
    $node_($i) random-motion 0
}
$node_(0) set X_ 30
$node_(0) set Y_ 40
$node_(0) set Z_ 0.000000000000
$node_(1) set X_ 22
$node_(1) set Y_ 32
$node_(1) set Z_ 0.000000000000
$node_(2) set X_ 35
$node_(2) set Y_ 32
$node_(2) set Z_ 0.000000000000
$node_(3) set X_ 13.5
$node_(3) set Y_ 24
$node_(3) set Z_ 0.000000000000
$node_(4) set X_ 29
$node_(4) set Y_ 24
$node_(4) set Z_ 0.000000000000
$node_(5) set X_ 40
$node_(5) set Y_ 23
$node_(5) set Z_ 0.000000000000
$node_(6) set X_ 9
$node_(6) set Y_ 14
$node_(6) set Z_ 0.000000000000
$node_(7) set X_ 16.5
$node_(7) set Y_ 13
$node_(7) set Z_ 0.000000000000
$node_(8) set X_ 24
$node_(8) set Y_ 13
$node_(8) set Z_ 0.000000000000
$node_(9) set X_ 34
$node_(9) set Y_ 13.5
$node_(9) set Z_ 0.000000000000
$node_(10) set X_ 44
$node_(10) set Y_ 13
$node_(10) set Z_ 0.000000000000
$ns_ at 0.0   "$node_(0) NodeLabel PAN Coor"
$ns_ at 0.0   "$node_(0) sscs startPANCoord 1"
$ns_ at 0.5   "$node_(1) sscs startDevice 1 1 1"
$ns_ at 1.5   "$node_(2) sscs startDevice 1 1 1"
$ns_ at 2.5   "$node_(3) sscs startDevice 1 1 1"
```

```
$ns_ at 3.5  "$node_(4) sscs startDevice 1 1 1"
$ns_ at 4.5  "$node_(5) sscs startDevice 1 1 1"
$ns_ at 5.5  "$node_(6) sscs startDevice 0"
$ns_ at 5.8  "$node_(7) sscs startDevice 0"
$ns_ at 6.5  "$node_(8) sscs startDevice 0"
$ns_ at 6.8  "$node_(9) sscs startDevice 0"
$ns_ at 7.0  "$node_(10) sscs startDevice 0"
$ns_ at 6.0 "$node_(3) sscs stopBeacon"
$ns_ at 8.0 "$node_(3) sscs startBeacon"
$ns_ at 9.0 "$node_(5) sscs startBeacon 4 4"
$ns_ at 10.0 "$node_(4) sscs stopBeacon"
for {set i 0} {$i < $val(nn) } {incr i} {
    $ns_ initial_node_pos $node_($i) 2
}

proc ftptraffic { src dst starttime } {
   global ns_ node_
   set tcp($src) [new Agent/TCP]
   $tcp($src) set packetSize_ 50
   set sink($dst) [new Agent/TCPSink]
   $ns_ attach-agent $node_($src) $tcp($src)
   $ns_ attach-agent $node_($dst) $sink($dst)
   $ns_ connect $tcp($src) $sink($dst)
   set ftp($src) [new Application/FTP]
   $ftp($src) attach-agent $tcp($src)
   $ns_ at $starttime "$ftp($src) start"
}
ftptraffic 1 6 $appTime1
ftptraffic 4 10 $appTime2
$ns_ at $appTime1 "$node_(1) add-mark m1 blue circle"
#$ns_ at $stopTime "$node_(1) delete-mark m1"
$ns_ at $appTime1 "$node_(6) add-mark m2 blue circle"
$ns_ at $appTime2 "$node_(4) add-mark m3 green4 circle"
$ns_ at $appTime2 "$node_(10) add-mark m4 green4 circle"
Mac/802_15_4 wpanNam FlowClr -p AODV -c tomato
Mac/802_15_4 wpanNam FlowClr -p ARP -c green
Mac/802_15_4 wpanNam FlowClr -p MAC -c navy
Mac/802_15_4 wpanNam FlowClr -p tcp -s 1 -d 6 -c blue
Mac/802_15_4 wpanNam FlowClr -p ack -s 6 -d 1 -c blue
Mac/802_15_4 wpanNam FlowClr -p tcp -s 4 -d 10 -c green4
Mac/802_15_4 wpanNam FlowClr -p ack -s 10 -d 4 -c green4

proc stop {} {
```

```
    global ns_ tracefd namtrace
    $ns_ flush-trace
    close $tracefd
    close $namtrace
}
$ns_ at $stopTime "stop"
$ns_ at $stopTime "$ns_ halt"
for {set i 0} {$i < $val(nn) } {incr i} {
    $ns_ at $stopTime "$node_($i) reset";
}

puts "\nStarting Simulation..."
$ns_ run
```

根据上述脚本代码,可按如下操作完成实验。

(1)使用 **Ctrl＋Alt＋T** 组合键打开终端,并用 **cd /home/wiotlab/WIoTLab/exps/ lab5** 命令切换路径,接着使用 **touch P2P.tcl** 命令创建脚本文件,将上述代码录入该文件中。

(2)在命令行终端运行 **ns P2P.tcl** 执行脚本,成功后会得到 P2P.tr、P2P.nam 等数据文件,其中 P2P.tr 是待处理的记录。

(3)分析协议平均吞吐量(4.3.2 节对应代码存为 **tput.awk** 文件)、数据包投递率(4.3.2 节对应代码存为 **pdr.awk** 文件),具体如下。

平均吞吐量:在命令行终端运行 **awk -f tput.awk P2P.tr**,可得到结果 Average Throughput [kbps] = 2.95 startTime＝8.36 stopTime＝95.02。

数据包投递率:在命令行终端运行 **awk -f pdr.awk P2P.tr**,可得到结果 Sent：827, Received：667, Delivery Ratio：0.8065。

(4)若需要查看 nam 动画,可在命令行终端运行 **nam P2P.nam**,查看整个仿真过程。

5.4　扩展练习

本章介绍了 IEEE 802.15.4 协议的基本原理,并利用 NS-2 仿真分析了星状和 P2P 两种拓扑结构中的协议性能。读者可进一步深入探索如下内容。

(1)参考 NS-2 源码自带的脚本 wpan_demo4.tcl(在 ns-2.35/tcl/ex/wpan/目录中), 分析 IEEE 802.15.4 簇树的性能。

(2)在前述脚本代码的基础上,开启节点的能量模型,分析不同网络结构时节点的能耗变化。

(3)在前述脚本代码的基础上,分析不同 BO 和 SO 值对协议性能的影响。

参 考 文 献

[1] PETROVA M, RIIHIJARVI J, MAHONEN P, et al. Performance Study of IEEE 802.15.4 Using Measurements and Simulations[C].//Proc. of WCNC, 2006: 487-492.

[2] LUCA D, GIORGIO M, MASSIMILIANO R. Performance Analysis of IEEE 802.15.4 Real-time Enhancement[C]. //Proc. of ISIE, 2014: 1475-1480.

[3] IVONNE A M G, FLORIAN M, VOLKER T. A Comprehensive Performance Comparison of IEEE 802.15.4 DSME and TSCH in a Realistic IoT Scenario for Industrial Applications[J]. ACM Transactions on Internet of Things, 2023, 4(3): 1-30.

[4] ALBERTO G R, TAKU N. LR-WPAN: Beacon Enabled Direct Transmissions on NS-3[C]. // Proc. of ICCIP, 2020: 115-122.

第6章

无线自组网攻击仿真

本章介绍无线自组网中黑洞/灰洞攻击的基本原理,以及 Watchdog 监测机制,并在 NS-2 平台上基于 AODV 协议(见第 4 章)进行仿真和分析评价。

6.1 预备知识

6.1.1 黑洞攻击原理

黑洞攻击(Blackhole Attack)是无线自组网中常见的拒绝服务攻击类型。路由建立过程中,恶意节点收到路由请求分组后,会声称自己是高质量、低时延、一跳可到达目标节点的节点,甚至声称自己就是目标节点,因此很多节点会选择该"恶意节点"作为数据包转发的下一跳节点。在数据传输阶段,黑洞节点作为路由中继节点,收到报文后,不对其进行转发而直接丢弃,使得网络中任意两个节点无法通信,相当于在网络中形成了一个"黑洞"。

黑洞节点可以是新的外部入侵节点,也可以是内部被劫持的节点。图 6.1 就是一个典型的黑洞攻击,源节点 S 需与目标节点 D 通信,发起路由请求 RREQ,黑洞节点一般会宣称自己距目标节点很近,且具有高质量链路、低时延、一跳可达目标节点,从而更宜成为路由中继节点,但在通信过程中黑洞节点 B 直接丢弃数据包而非转发。

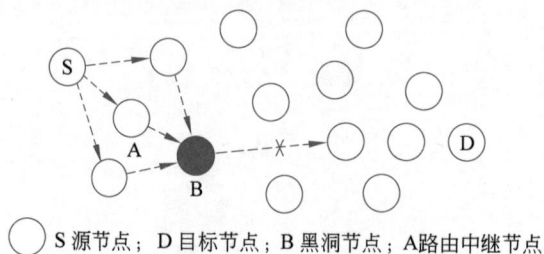

⃝ S 源节点;D 目标节点;B 黑洞节点;A 路由中继节点

图 6.1 黑洞攻击示意图

6.1.2 灰洞攻击原理

与黑洞攻击类似,灰洞攻击(Grayhole Attack,在无源供电的情况下表现为自私性)

也是一种常见的攻击类型。灰洞攻击有选择性地丢弃或延迟网络中的数据包,而非像黑洞攻击那样丢弃所有经过的数据包,具有更好的隐蔽性。

为实时监测/发现黑洞/灰洞攻击,Watchdog 受到广泛关注,它对无线自组网中的节点进行行为监测,以便发现异常的转发行为,并进行处理。Watchdog 被认为是针对拒绝服务(Denial-of-Service,DoS)、Sybil、Sinkhole、选择性转发等各种攻击的有效对策。每个 Watchdog 对它的单跳邻居负责,可能会无意中侦听到邻居的信息,也可能会与邻居交流以监控其行为,当检测到异常时,负责事件报告。

6.2　实　验　环　境

本章实验需在官方 NS-2 仿真器源码基础上进行扩展,增加黑洞攻击、灰洞攻击和 Watchdog 等功能。本章所使用的 Linux 系统为 Ubuntu 20.04.1,并且运行在 VirtualBox 6.1.50 中。

6.2.1　黑洞攻击的 NS-2 扩展

本实验的黑洞攻击以 AODV 协议为例进行实现,其他协议可参考。为实现黑洞攻击的效果,NS-2 中的 AODV 需修改 aodv.h 和 aodv.cc 两个文件(文件路径为/home/wiotlab/WIoTLab/tools/ns2/ns-2.35/aodv),具体如下。

(1) 在 aodv.h 文件的类 class AODV: public Agent 中增加如下加粗部分:

```
...
nsaddr_t        index;          //节点 IP 地址
u_int32_t       seqno;          //序列号
int             bid;            //广播 ID
bool            blackhole;      //新增控制开关
aodv_rtable     rthead;         //路由表
aodv_ncache     nbhead;         //邻居缓存
...
```

(2) 在 aodv.cc 文件的函数 int AODV::command(int argc, const char * const * argv)中增加如下加粗部分:

```
...
    if(strcmp(argv[1], "blackhole") == 0) {
      blackhole = true;
      return TCL_OK;
    }
  }
  else if(argc == 3) {
    if(strcmp(argv[1], "index") == 0) {
```

```
    index = atoi(argv[2]);
    return TCL_OK;
}
...
```

（3）在 **aodv.cc** 文件的函数 AODV∷AODV(nsaddr_t id)中增加如下加粗部分：

```
...
LIST_INIT(&nbhead);
LIST_INIT(&bihead);
blackhole = false;
logtarget = 0;
ifqueue = 0;
...
```

（4）在 **aodv.cc** 文件的函数 void AODV∷rt_resolve(Packet * p)中增加如下加粗部分：

```
...
struct hdr_ip * ih = HDR_IP(p);
aodv_rt_entry * rt;
if (blackhole == true ) {
  drop(p, DROP_RTR_ROUTE_LOOP);
  return;
}
...
```

（5）在 **aodv.cc** 文件的函数 void AODV∷recvRequest(Packet * p)中增加如下加粗部分：

```
...
  Packet::free(p);
}
else if (blackhole == true) {
  seqno = max(seqno, rq->rq_dst_seqno)+1;
  if (seqno%2) seqno++;
  sendReply(rq->rq_src,
          1,                        //跳计数设为1以混淆源节点
          rq->rq_dst,               //目的IP地址
          seqno,                    //目的序列号
          MY_ROUTE_TIMEOUT,         //有效期
          rq->rq_timestamp);        //时间戳
  Packet::free(p);
}
```

```
//不是目的地,但可能有新的路由
...
```

按上述步骤修改完成后,命令行终端执行 **cd /home/wiotlab/WIoTLab/tools/ns2** 切换路径,并运行./install 重新编译 NS-2 源码。

6.2.2 灰洞攻击的 NS-2 扩展

灰洞攻击的实现类似黑洞攻击,不同之处在于将 blackhole 修改为 grayhole,并将 6.2.1 节中的步骤(4)做如下修改:

```
...
struct hdr_ip * ih = HDR_IP(p);
aodv_rt_entry * rt;
if (grayhole == true) {
  float time= CURRENT_TIME;
  srand((unsigned)CURRENT_TIME);
  int random_integer = rand();
  int drop_flag=(random_integer%2);
  if (drop_flag){
    drop(p, DROP_RTR_ROUTE_LOOP);
    return;
  }
}
...
```

为便于直观分析,采用如图 6.2 所示的拓扑。其中,节点 0 和 3 分别是发送端和接收端,节点 1 和 2 为路由节点。总共仿真时长为 20s(可自行修改),在 6s 时,节点 1 开始黑洞/灰洞攻击,会出现数据包被大量丢弃。

图 6.2 黑洞/灰洞攻击实验拓扑示意图

6.3 实 验 步 骤

6.3.1 黑洞攻击实验

在 6.2 节的基础上,实现如下所示的实验脚本,加粗部分为开启黑洞攻击,并在 nam 动画上将节点 1 加上标签 **Blackhole Node**。

```
set val(chan)     Channel/WirelessChannel
set val(prop)     Propagation/TwoRayGround
```

```
set val(netif)      Phy/WirelessPhy
set val(mac)        Mac/802_11
set val(ifq)        Queue/DropTail/PriQueue
set val(ll)         LL
set val(ant)        Antenna/OmniAntenna
set val(ifqlen)     100
set val(nn)         4
set val(rp)         AODV
set val(x)          1000
set val(y)          500
set val(stop)       20.0

set ns [new Simulator]
set topo    [new Topography]
$topo load_flatgrid $val(x) $val(y)
create-god $val(nn)
set tracefile [open Blackhole.tr w]
$ns trace-all $tracefile
set namfile [open Blackhole.nam w]
$ns namtrace-all $namfile
$ns namtrace-all-wireless $namfile $val(x) $val(y)

set chan [new $val(chan)]
$ns node-config -adhocRouting  $val(rp) \
                -llType        $val(ll) \
                -macType       $val(mac) \
                -ifqType       $val(ifq) \
                -ifqLen        $val(ifqlen) \
                -antType       $val(ant) \
                -propType      $val(prop) \
                -phyType       $val(netif) \
                -channel       $chan \
                -topoInstance  $topo \
                -agentTrace    ON \
                -routerTrace   ON \
                -macTrace      OFF \
                -movementTrace OFF

set n0 [$ns node]
$n0 set X_ 200
$n0 set Y_ 250
$n0 set Z_ 0.0
$ns initial_node_pos $n0 40
```

```
set n1 [$ns node]
$n1 set X_ 400
$n1 set Y_ 250
$n1 set Z_ 0.0
$ns initial_node_pos $n1 40
set n2 [$ns node]
$n2 set X_ 600
$n2 set Y_ 250
$n2 set Z_ 0.0
$ns initial_node_pos $n2 40
set n3 [$ns node]
$n3 set X_ 800
$n3 set Y_ 250
$n3 set Z_ 0.0
$ns initial_node_pos $n3 40

$ns at 6.0 "[$n1 set ragent_] blackhole"        ;#开启黑洞攻击
$ns at 6.0 "$n1 label \"Blackhole Node\""        ;#nam 动画标注

set udp0 [new Agent/UDP]
$ns attach-agent $n0 $udp0
set null1 [new Agent/Null]
$ns attach-agent $n3 $null1
$ns connect $udp0 $null1
$udp0 set packetSize_ 1500
set cbr0 [new Application/Traffic/CBR]
$cbr0 attach-agent $udp0
$cbr0 set packetSize_ 1000
$cbr0 set rate_ 500Kb
$cbr0 set random_ null
$ns at 1.0 "$cbr0 start"
$ns at 20.0 "$cbr0 stop"

proc finish {} {
    global ns tracefile namfile
    $ns flush-trace
    close $tracefile
    close $namfile
    exit 0
}
for {set i 0} {$i < $val(nn) } { incr i } {
    $ns at $val(stop) "\$n$i reset"
}
```

```
$ns at $val(stop) "$ns nam-end-wireless $val(stop)"
$ns at $val(stop) "finish"
$ns at $val(stop) "puts \"done\" ; $ns halt"
$ns run
```

根据上述脚本代码,可按如下操作完成实验。

(1) 使用 Ctrl｜Alt＋T 组合键打井终端,并用 cd /home/wiotlab/WIoTLab/exps/lab6 命令切换路径并使用 touch Blackhole.tcl 命令创建脚本文件,将上述代码录入该文件中。

(2) 在命令行终端运行 ns Blackhole.tcl 执行脚本,成功后会得到 Blackhole.tr、Blackhole.nam 等数据文件,其中 Blackhole.tr 是待处理的记录。

(3) 分析协议平均吞吐量(4.3.2 节对应代码存为 thp.awk 文件)、数据包投递率(4.3.2 节对应代码存为 pdr.awk 文件)、归一化路由负载(4.3.2 节对应代码存为 nrl.awk 文件),具体如下。

平均吞吐量:在命令行终端运行 awk -f thp.awk Blackhole.tr,可得到结果 Average Throughput [kbps] = 265.57 startTime＝1.00 stopTime＝6.44。

数据包投递率:在命令行终端运行 awk -f pdr.awk Blackhole.tr,可得到结果 Sent:1188,Received:177,Delivery Ratio:0.1490。

归一化路由负载:在命令行终端运行 awk -f nrl.awk Blackhole.tr,可得到结果 Normalized Routing Load:0.03390。

6.3.2　灰洞攻击实验

编写如下所示的实验脚本,加粗部分为开启灰洞攻击,并在 nam 动画上将节点 1 加上标签 Grayhole Node。

```
set val(chan)     Channel/WirelessChannel
set val(prop)     Propagation/TwoRayGround
set val(netif)    Phy/WirelessPhy
set val(mac)      Mac/802_11
set val(ifq)      Queue/DropTail/PriQueue
set val(ll)       LL
set val(ant)      Antenna/OmniAntenna
set val(ifqlen)   100
set val(nn)       4
set val(rp)       AODV
set val(x)        1000
set val(y)        500
set val(stop)     20.0

set ns [new Simulator]
```

```
set topo   [new Topography]
$topo load_flatgrid $val(x) $val(y)
create-god $val(nn)
set tracefile [open Grayhole.tr w]
$ns trace-all $tracefile
set namfile [open Grayhole.nam w]
$ns namtrace-all $namfile
$ns namtrace-all-wireless $namfile $val(x) $val(y)

set chan [new $val(chan)]
$ns node-config -adhocRouting   $val(rp) \
                -llType         $val(ll) \
                -macType        $val(mac) \
                -ifqType        $val(ifq) \
                -ifqLen         $val(ifqlen) \
                -antType        $val(ant) \
                -propType       $val(prop) \
                -phyType        $val(netif) \
                -channel        $chan \
                -topoInstance   $topo \
                -agentTrace     ON \
                -routerTrace    ON \
                -macTrace       OFF \
                -movementTrace  OFF

set n0 [$ns node]
$n0 set X_ 200
$n0 set Y_ 250
$n0 set Z_ 0.0
$ns initial_node_pos $n0 40
set n1 [$ns node]
$n1 set X_ 400
$n1 set Y_ 250
$n1 set Z_ 0.0
$ns initial_node_pos $n1 40
set n2 [$ns node]
$n2 set X_ 600
$n2 set Y_ 250
$n2 set Z_ 0.0
$ns initial_node_pos $n2 40
set n3 [$ns node]
$n3 set X_ 800
$n3 set Y_ 250
```

```
$n3 set Z_ 0.0
$ns initial_node_pos $n3 40

$ns at 6.0 "[$n1 set ragent_] grayhole "
$ns at 6.0 "$n1 label \"Grayhole Node\""

set udp0 [new Agent/UDP]
$ns attach-agent $n0 $udp0
set null1 [new Agent/Null]
$ns attach-agent $n3 $null1
$ns connect $udp0 $null1
$udp0 set packetSize_ 1500
set cbr0 [new Application/Traffic/CBR]
$cbr0 attach-agent $udp0
$cbr0 set packetSize_ 1000
$cbr0 set rate_ 500Kb
$cbr0 set random_ null
$ns at 1.0 "$cbr0 start"
$ns at 20.0 "$cbr0 stop"

proc finish {} {
    global ns tracefile namfile
    $ns flush-trace
    close $tracefile
    close $namfile
    exit 0
}
for {set i 0} {$i < $val(nn) } { incr i } {
    $ns at $val(stop) "\$n$i reset"
}
$ns at $val(stop) "$ns nam-end-wireless $val(stop)"
$ns at $val(stop) "finish"
$ns at $val(stop) "puts \"done\" ; $ns halt"
$ns run
```

根据上述脚本代码,可按如下操作完成实验。

(1) 使用 Ctrl＋Alt＋T 组合键打开终端,并用 cd /home/wiotlab/WIoTLab/exps/lab6 命令切换路径并使用 touch Grayhole.tcl 命令创建脚本文件,将上述代码录入该文件中。

(2) 在命令行终端运行 ns Grayhole.tcl 执行脚本,成功后会得到 Grayhole.tr、Grayhole.nam 等数据文件,其中 Grayhole.tr 是待处理的记录。

(3) 分析协议平均吞吐量(4.3.2 节对应代码存为 thp.awk 文件)、数据包投递率(4.3.2 节对应代码存为 pdr.awk 文件)、归一化路由负载(4.3.2 节对应代码存为 nrl.awk 文件),具体如下。

平均吞吐量：在命令行终端运行 awk -f thp.awk Grayhole.tr，可得到结果 Average Throughput [kbps] = 161.13 startTime=1.00 stopTime=19.48。

数据包投递率：在命令行终端运行 awk -f pdr.awk Grayhole.tr，可得到结果 Sent：1188，Received：365，Delivery Ratio：0.3072。

归一化路由负载：在命令行终端运行 awk -f nrl.awk Grayhole.tr，可得到结果 Normalized Routing Load：0.01644。

6.4　扩 展 练 习

本章主要探讨了黑洞/灰洞攻击，以及在 NS-2 上实现并进行仿真分析。在本章基础上，读者可尝试从以下三方面进行扩展：

（1）扩展实现 Watchdog 机制（需考虑功耗和覆盖范围），在无线自组网内适当部署，监测所有路由节点转发行为。若发现攻击节点，标记该节点为攻击节点并全网广播。

（2）利用 4.1.5 节所学知识，生成更加真实的网络场景，并重复 6.3 节步骤，分析探讨。

（3）无线自组网通常应用于无源供电的节点，能耗是需要考虑因素之一。在本章实验基础上，分析数据传输能耗（如有效传输 1bit 数据能耗）。

参 考 文 献

[1] AKKAY K，YOUNIS M. A Survey on Routing Protocols for Wireless Sensor Networks[J]. Ad Hoc Networks，2005，3(3)：325-349.

[2] JAIN A K，TOKEKAR V. Mitigating the Effects of Black Hole Attacks on AODV Routing Protocol in Mobile Ad Hoc Networks[C].//Proc. of ICPC，2015：1-6.

[3] CHAUDHARY R，RAGIRI P R. Implementation and Analysis of Blackhole Attack in AODV Routing Protocol[C].//Proc. of ICTCS，2016：575-579.

[4] 王珺，朱志伟，刘俊杰. 一种针对无线传感网中黑洞攻击的检测与防御方法[J]. 计算机科学，2019，46(2)：102-108.

[5] HASAN M M，MOUFTAH H T. Optimization of Watchdog Selection in Wireless Sensor Networks[J]. IEEE Wireless Communications Letters，2017，6(1)：94-97.

第7章

低轨卫星通信仿真

本章介绍低轨卫星通信的发展和典型卫星系统，如 Iridium 和 Teledesic，并利用 NS-2 仿真分析上述卫星系统的数据传输性能。

7.1 预 备 知 识

7.1.1 低轨卫星网络发展

低轨卫星组网是一种利用运行轨道高度较低的卫星建立的通信网络，如图 7.1 所示。一种特殊类型的低轨道是极轨道，其具有高倾角（接近 90°），因而卫星绕着两极移动。低轨卫星既可通过星间链路组网，也可同高轨卫星混合组网，形成多层空间网络。根据组网方式不同，卫星网络可划分为三类，即无星间链路卫星网络、有星间链路卫星网络和动态星间链路卫星网络。其中，无星间链路卫星网络基于地面设施进行组网，如全球星系统；有星间链路卫星网络通过星间链路进行连接且连接方式固定，不进行动态调整，如铱星系统；动态星间链路卫星网络的星间连接方式不固定，会随网络拓扑和业务变化而变化。

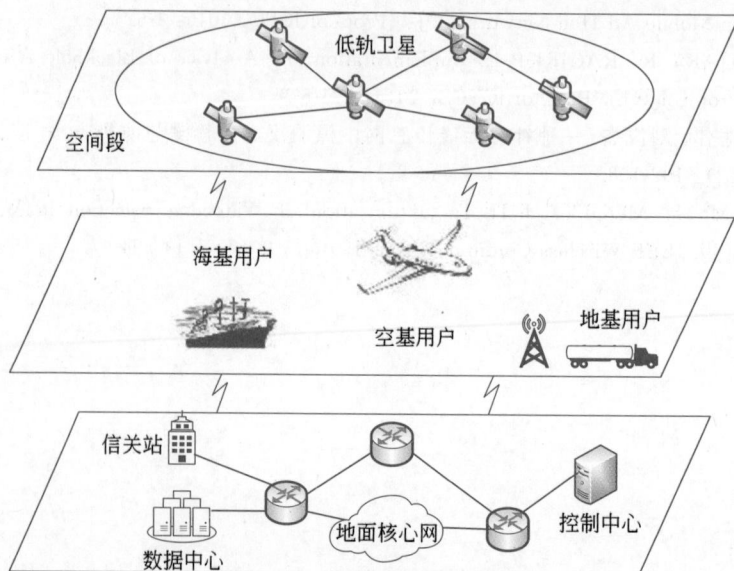

图 7.1 低轨卫星网络体系架构

国外发展：目前 Space X 一马当先，推出"星链"(Starlink)计划，拟发射 4.2 万颗低轨卫星，实现覆盖全球的高速互联网接入服务。Astra 拟部署 1.3 万颗低轨卫星，支持通信、环境和自然资源等应用。亚马逊的"柯伊伯项目"，拟部署 3236 颗低轨卫星组成太空卫星网络，提供高速宽带互联网接入服务。而 One Web 则拥有世界第二大规模的卫星星座互联网。

国内发展：《中华人民共和国国民经济和社会发展第十四个五年规划和 2035 年远景目标纲要》明确提出要建设高速泛在、天地一体、集成互联、安全高效的卫星互联网产业。为此，中国航天科技集团和中国航天科工集团分别制订了面向低轨卫星组网的"鸿雁星座"和"虹云工程"计划，计划发射大量的低轨通信卫星。其他诸多国企和民企也纷纷布局，进军卫星互联网产业。

7.1.2　低轨卫星组网特点

低轨卫星网络对一定规模的卫星进行组网，构建具备实时信号处理的空间通信系统，是一种能够向地面及空中终端提供接入等通信服务的新型网络，主要具有以下几个特点。

(1) 网络可靠性高且灵活：组网方式灵活，单颗卫星发生故障后易进行网络切换，且不受自然灾害影响，大部分时间内低轨卫星网络可提供稳定且可靠的通信服务。

(2) 时延低：通信链路均为视距，传输时延和路径损耗相对较小且稳定，能够支持视频通话、网络直播、在线游戏等实时性要求较高的应用。

(3) 容量大：卫星数量较多且通常采用 Ka/V 频段或更高频段，可实现大容量通信，支持海量终端接入需求。

(4) 地面网络依赖性弱：星上处理技术的实现，可通过星间链路提供全球通信服务，而不需要全球部署地面信号站，摆脱对地面基础设施的依赖。

(5) 多种技术协同发展：多种相关技术协同应用，如点波束、多址接入、频率复用等技术，可缓解低轨卫星网络中存在的频率资源紧张等问题。

(6) 可实现全球覆盖：多颗卫星协同组网，可实现全球无缝覆盖，不受地域限制，能够将网络扩展到远洋、沙漠等信息盲区。

建设新一代低轨卫星网络将是建设 6G 空间互联网的重要一部分，是实现全球互联的核心解决方案。

7.1.3　Iridium 系统

Iridium 系统也称"铱星"系统，是美国摩托罗拉公司早期提出的一种利用低轨星座实现全球个人卫星移动通信的系统，它与现有通信网相结合，可实现全球数字化个人通信。"铱星"系统具有星间通信链路，可不依赖地面转接，为地球上任意位置的终端提供服务。"铱星"系统构型为玫瑰星座，卫星均匀部署在南北方向 677km 高的 6 个极轨近圆轨道上，倾角为 86.4°。每颗卫星载有 3 个 16 波束相控阵天线，投射的多波束在地球表面形成 48 个蜂窝区。每颗卫星拥有 4 条 Ka 频段的星间通信链路，两条用于建立同轨道面前后方向卫星的星间链路,星间距离 4021~4042km;另两条用于建立相邻轨道面间卫星的通信链路,星间距离 2700~4400km。异轨道面间链路的天线可根据加载到卫星上的星历信息进行指向调整,波束宽度足以适用纬度控制和卫星位置保持的容差。卫星在轨重量 320kg,工作寿命 5~8 年。"铱星"系统(详见附录 B 说明和"无线网络技术教学研究平台")更多内容详见《无线网络技术》第 5 章。

7.1.4　Teledesic 系统

Teledesic 也称"空中互联网"系统,旨在建立一个覆盖全球的宽带卫星通信网络,提供双向、交互式服务。Teledesic 系统最初计划由 840 颗卫星组成,均匀分布在 21 个低轨上,轨道倾角约为 98.2°,每个轨道面至少有 40 颗工作卫星;之后简化为 288 颗卫星分布于 12 个轨道,轨道高度 1375km。卫星每 99min 绕地球一周,覆盖地球表面的 95%,与关口站之间的链路速率可达 155Mb/s。

Teledesic 用户终端包括固定终端、移动终端、监测控制和数据采集(Supervisory Control and Data Acquisition,SCADA)终端和团体终端等,能够提供包括宽带全数字双向交换业务在内的多种服务,如语音、数据、视像和交互式多媒体传输。系统采用 Ka 频段,上行频率为 28.6~29.1GHz,下行频率为 18.8~19.3GHz。多址方面,Teledesic 系统采用多种技术的组合,包括空分多址、时分多址和频分多址等。表 7.1 为 Iridium 系统和 Teledesic 系统的对比。

表 7.1　Iridium 系统和 Teledesic 系统的对比

项　　目	Iridium	Teledesic
海拔高度/km	780	1375
轨道面/个	6	12
每个轨道面卫星	11	24
倾角/(°)	86.4	84.7
轨道面间隔/(°)	31.6	15
缝隙间隔/(°)	22	15
卫星仰角/(°)	8.2	40
面内定向	是	是
面间定向	是	否
每颗卫星星间链路数	4	8
星间链路带宽/(Mb/s)	25	155
上行/下行链路带宽/(Mb/s)	1.5	1.5
交叉缝星间链路	否	是
星间链路纬度阈值/(°)	60	60

7.2　实　验　环　境

本实验采用官方的 NS-2 仿真器源码,无须模块扩展,卫星网络模块可在路径 ns-2.35/satellite 中找到。

为便于分析和呈现实验效果,本实验采用 CBR 作为数据源,并利用 UDP 进行数据传输。结果演示上,通过分析 trace 文件来对比时延的变化和通信距离的关系(发送和接收节点设置不同地点的纬度和经度坐标),而实际数据传输路径中卫星节点个数不同,也会造成端到端时延的不同。有关纬度和经度获取可访问百度的拾取坐标系统(网址见附录 B 说明和"无线网络技术教学研究平台"),打开的界面如图 7.2 所示。

图 7.2　纬度和经度获取

具体获取纬度和经度信息的步骤(见图 7.2 中的编号):在①处输入需要查询的经纬度的城市名并单击 🔍 图标搜索(如"宁波江北"),然后用鼠标在②处所示的地图上选定详细位置,最后在③处所示位置查看纬度和经度信息。

7.3　实　验　步　骤

7.3.1　Iridium 实验

本实验构建了包含 86 个节点、6 个轨道面的系统拓扑,同一个轨道面和跨轨道面的卫星链路设置如以下代码片段所示(完整代码见 ns-2.35/tcl/ex/sat-iridium-links.tcl)。

```
#以下代码设置轨道面 1 的带宽、接口队列和队列长度,其他轨道面相同
$ns add-isl intraplane $n0 $n1 $opt(bw_isl) $opt(ifq) $opt(qlim)
$ns add-isl intraplane $n1 $n2 $opt(bw_isl) $opt(ifq) $opt(qlim)
$ns add-isl intraplane $n2 $n3 $opt(bw_isl) $opt(ifq) $opt(qlim)
$ns add-isl intraplane $n3 $n4 $opt(bw_isl) $opt(ifq) $opt(qlim)
```

```
$ns add-isl intraplane $n4 $n5 $opt(bw_isl) $opt(ifq) $opt(qlim)
$ns add-isl intraplane $n5 $n6 $opt(bw_isl) $opt(ifq) $opt(qlim)
$ns add-isl intraplane $n6 $n7 $opt(bw_isl) $opt(ifq) $opt(qlim)
$ns add-isl intraplane $n7 $n8 $opt(bw_isl) $opt(ifq) $opt(qlim)
$ns add-isl intraplane $n8 $n9 $opt(bw_isl) $opt(ifq) $opt(qlim)
$ns add-isl intraplane $n9 $n10 $opt(bw_isl) $opt(ifq) $opt(qlim)
$ns add-isl intraplane $n10 $n0 $opt(bw_isl) $opt(ifq) $opt(qlim)
#以下代码设置轨道面 1 和轨道面 2 间节点的链路带宽、接口队列和队列长度,其他轨道面间的
#设置类似
$ns add-isl interplane $n0 $n15 $opt(bw_isl) $opt(ifq) $opt(qlim)
$ns add-isl interplane $n1 $n16 $opt(bw_isl) $opt(ifq) $opt(qlim)
$ns add-isl interplane $n2 $n17 $opt(bw_isl) $opt(ifq) $opt(qlim)
$ns add-isl interplane $n3 $n18 $opt(bw_isl) $opt(ifq) $opt(qlim)
$ns add-isl interplane $n4 $n19 $opt(bw_isl) $opt(ifq) $opt(qlim)
$ns add-isl interplane $n5 $n20 $opt(bw_isl) $opt(ifq) $opt(qlim)
$ns add-isl interplane $n6 $n21 $opt(bw_isl) $opt(ifq) $opt(qlim)
$ns add-isl interplane $n7 $n22 $opt(bw_isl) $opt(ifq) $opt(qlim)
$ns add-isl interplane $n8 $n23 $opt(bw_isl) $opt(ifq) $opt(qlim)
$ns add-isl interplane $n9 $n24 $opt(bw_isl) $opt(ifq) $opt(qlim)
$ns add-isl interplane $n10 $n25 $opt(bw_isl) $opt(ifq) $opt(qlim)
```

卫星节点生成如以下代码片段所示(完整代码见 ns-2.35/tcl/ex/sat-iridium-nodes.tcl)。共 6 个轨道面,每个轨道面 11 个节点,每个节点的位置和轨道面设置如下。相邻轨道面的间隔是 $31.6°$,缝隙处是 $22°$,非均匀。每个轨道面有 11 颗星,所以 $360/11≈32.73°$。

```
#设置第 1 个轨道面,plane 为轨道面编号,其他轨道面上的节点设置类似
set plane 1;                                    #轨道面编号设置
set n0 [$ns node]; $n0 set-position $alt $inc 0 0 $plane;
                                                #设置第 1 个轨道面节点位置
set n1 [$ns node]; $n1 set-position $alt $inc 0 32.73 $plane
set n2 [$ns node]; $n2 set-position $alt $inc 0 65.45 $plane
set n3 [$ns node]; $n3 set-position $alt $inc 0 98.18 $plane
set n4 [$ns node]; $n4 set-position $alt $inc 0 130.91 $plane
set n5 [$ns node]; $n5 set-position $alt $inc 0 163.64 $plane
set n6 [$ns node]; $n6 set-position $alt $inc 0 196.36 $plane
set n7 [$ns node]; $n7 set-position $alt $inc 0 229.09 $plane
set n8 [$ns node]; $n8 set-position $alt $inc 0 261.82 $plane
set n9 [$ns node]; $n9 set-position $alt $inc 0 294.55 $plane
set n10 [$ns node]; $n10 set-position $alt $inc 0 327.27 $plane
incr plane;                                     #增加轨道面编号
...
#地面终端会不停切换,以下设置旨在优化切换
$n0 set_next $n10; $n1 set_next $n0; $n2 set_next $n1; $n3 set_next $n2
$n4 set_next $n3; $n5 set_next $n4; $n6 set_next $n5; $n7 set_next $n6
$n8 set_next $n7; $n9 set_next $n8; $n10 set_next $n9
...
```

基于上述的场景,构建如下的实验脚本进行仿真分析。其中,纬度和经度信息需根据实际需要调整,具体如何查询纬度和经度详见 7.2 节。

```
global ns
set ns [new Simulator]
#切换和路由相关的参数设置,具体解释参考附录 B 说明和"无线网络技术教学研究平台"
HandoffManager/Term set elevation_mask_ 8.2
HandoffManager/Term set term_handoff_int_ 10
HandoffManager/Sat set sat_handoff_int_ 10
HandoffManager/Sat set latitude_threshold_ 60
HandoffManager/Sat set longitude_threshold_ 10
HandoffManager set handoff_randomization_ true
SatRouteObject set metric_delay_ true
SatRouteObject set data_driven_computation_ true
ns-random 1
Agent set ttl_ 32
global opt
set opt(chan)          Channel/Sat
set opt(bw_down)        1.5Mb
set opt(bw_up)          1.5Mb
set opt(bw_isl)         25Mb
set opt(phy)           Phy/Sat
set opt(mac)           Mac/Sat
set opt(ifq)           Queue/DropTail
set opt(qlim)          50
set opt(ll)            LL/Sat
set opt(wiredRouting)     OFF
set opt(alt)           780                  ;#极轨道高度,单位为 km
set opt(inc)           86.4                 ;#倾角
#设置输出文件
set outfile [open sat-iridium.tr w]
$ns trace-all $outfile
#节点参数配置
$ns node-config -satNodeType polar \
        -llType $opt(ll) \
        -ifqType $opt(ifq) \
        -ifqLen $opt(qlim) \
        -macType $opt(mac) \
        -phyType $opt(phy) \
        -channelType $opt(chan) \
        -downlinkBW $opt(bw_down) \
        -wiredRouting $opt(wiredRouting)
#导入卫星节点和链路配置
```

```
set alt $opt(alt)
set inc $opt(inc)
source sat-iridium-nodes.tcl
source sat-iridium-links.tcl
#以下代码配置数据传输的终端节点
$ns node-config -satNodeType terminal
set n100 [$ns node]
$n100 set-position 39.54 116.28          ;#纬度、经度设置,此处设置为北京的坐标
set n101 [$ns node]
$n101 set-position 31.12 121.26          ;#纬度、经度设置,此处设置为上海的坐标
$n100 add-gsl polar $opt(ll) $opt(ifq) $opt(qlim) $opt(mac) $opt(bw_up) \
   $opt(phy) [$n0 set downlink_] [$n0 set uplink_]
$n101 add-gsl polar $opt(ll) $opt(ifq) $opt(qlim) $opt(mac) $opt(bw_up) \
   $opt(phy) [$n0 set downlink_] [$n0 set uplink_]
#设置测试的数据流
$ns trace-all-satlinks $outfile
set udp0 [new Agent/UDP]
$ns attach-agent $n100 $udp0
set cbr0 [new Application/Traffic/CBR]
$cbr0 attach-agent $udp0
$cbr0 set interval_ 60.01
set null0 [new Agent/Null]
$ns attach-agent $n101 $null0
$ns connect $udp0 $null0
$ns at 1.0 "$cbr0 start"
#计算路由
set satrouteobject_ [new SatRouteObject]
$satrouteobject_ compute_routes
$ns at 86400.0 "finish"
proc finish {} {
    global ns outfile
    $ns flush-trace
    close $outfile
    exit 0
}
$ns run
```

根据上述脚本代码,可按如下操作完成实验。

(1) 使用 **Ctrl＋Alt＋T** 组合键打开终端,并用 **cd /home/wiotlab/WIoTLab/exps/lab7** 命令切换路径,接着使用 **touch sat-iridium.tcl** 创建脚本文件,将上述代码录入该文件中。

(2) 在命令行终端运行 **ns sat-iridium.tcl** 执行脚本,成功后会产生 **sat-iridium.tr** 文件,记录格式如表 7.2 所示。注意,在执行 **sat-iridium.tcl** 前需将 **sat-iridium-nodes.tcl** 和

sat-iridium-links.tcl 复制到/home/wiotlab/WIoTLab/exps/lab7 中。

表 7.2 sat-iridium.tr 文件记录格式

项　　目	说　　明
Event	事件
Time	记录时间
From Node	来源节点
To Node	目标节点
Pkt Type	数据包类型
Pkt Size	数据包大小
Flags	标志位
Fid	流标识
Src Addr	源地址
Dst Addr	目标地址
Seq Num	序列号
Pkt ID	数据包编号
From Node Latitude	来源节点纬度
From Node Longitude	来源节点经度
To Node Latitude	目标节点纬度
To Node Longitude	目标节点经度

（3）分析卫星链路上数据包端到端投递时延，具体脚本代码如下：

```
#卫星链路上数据包端到端投递时延计算
BEGIN {
    highest_packet_id=0;
}
{
    action=$1;
    time=$2;
    from=$3;
    to=$4;
    type=$5;
    size=$6;
    flow_id=$8;
    src=$9;
    dst=$10;
    seq_no=$11;
    packet_id=$12;
    if (packet_id > highest_packet_id) highest_packet_id =packet_id;
```

```
    if (start_time[packet_id]==0) start_time[packet_id] =time;
    if(flow_id==0&&action !="d") {
        if(action=="r"&&to=="67") {
            end_time[packet_id]=time;
        } else {
            end_time[packet_id]=-1;
        }
    }
}
END {
    for (packet_id=0;packet_id <= highest_packet_id;packet_id++) {
        start=start_time[packet_id];
        end=end_time[packet_id];
        delay=end-start;
        if (start < end) printf( "%f %f\n",start,delay)
    }
}
```

在命令行终端执行 **touch delay.awk**,生成空的 awk 脚本文件 **delay.awk**,并将上述脚本代码录入该文件中。紧接着,执行 **awk -f delay.awk sat-iridium.tr ＞delay.d**,会得到处理后的数据并保存在 **delay.d** 文件中。基于分析的数据,实现如下 gnuplot 绘图脚本:

```
set term pdfcairo font "simsun,10"
set out "delay.pdf"
set size 1,0.7
set key right top
set ylabel "时延/s"
set xlabel "时间/s"
plot "delay.d" u 1:2 w lp lw 2 lc rgb "black" t "端到端时延"
```

在命令行终端执行 **touch delay.gp**,生成空的 gnuplot 绘图脚本文件 **delay.gp**,并将上述代码录入该文件中。紧接着执行 **gnuplot delay.gp**,会生成图 7.3 所示的结果,并保存在文件 **delay.pdf** 中。

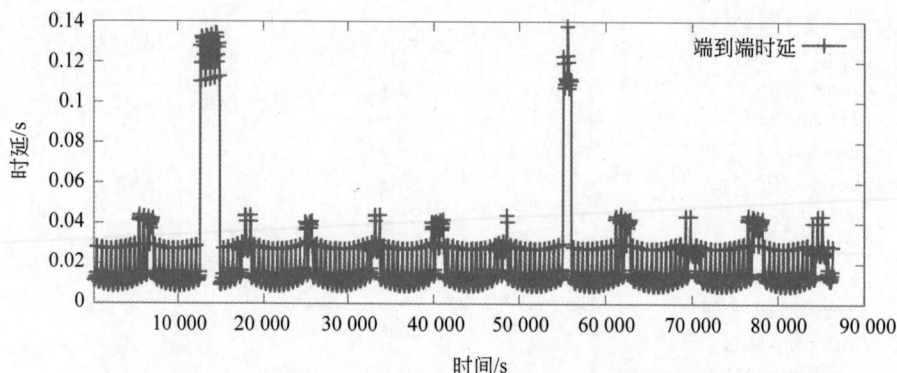

图 7.3 Iridium 系统中北京—上海端到端时延分析结果

7.3.2　Teledesic 实验

本实验构建了包含 288 个节点、12 个轨道面的系统拓扑，同一个轨道面和跨轨道面的卫星链路设置代码如下所示（详细代码见 ns-2.35/tcl/ex/sat-teledesic-links.tcl）。

```tcl
for {set a 1} {$a <= 12} {incr a} {
    for {set i [expr $a * 100]} {$i < [expr $a * 100 + 24]} {incr i} {
        set imod [expr $i % 100]
        if {$imod == 23} {
            set next [expr $a * 100]
        } else {
            set next [expr $i + 1]
        }
        if {$imod == 23} {
            set next2 [expr $a * 100 + 1]
        } elseif {$imod == 22} {
            set next2 [expr $a * 100]
        } else {
            set next2 [expr $i + 2]
        }
        $ns add-isl intraplane $n($i) $n($next) $opt(bw_isl) $opt(ifq) $opt
(qlim)
        $ns add-isl intraplane $n($i) $n($next2) $opt(bw_isl) $opt(ifq) $opt
(qlim)
    }
}
for {set i 100} {$i < 124} {incr i} {
    set next [expr $i + 100]
    $ns add-isl interplane $n($i) $n($next) $opt(bw_isl) $opt(ifq) $opt(qlim)
}
for {set a 3} {$a <= 12} {incr a} {
    for {set i [expr $a * 100]} {$i < [expr $a * 100 + 24]} {incr i} {
        set prev [expr $i - 100]
        set prev2 [expr $i - 200]
        $ns add-isl interplane $n($i) $n($prev) $opt(bw_isl) $opt(ifq) $opt
(qlim)
        $ns add-isl interplane $n($i) $n($prev2) $opt(bw_isl) $opt(ifq) $opt
(qlim)
    }
}
for {set i 100} {$i < 112} {incr i} {
    set j [expr 1311 - $i]
    $ns add-isl crossseam $n($i) $n($j) $opt(bw_isl) $opt(ifq) $opt(qlim)
```

```
}
for {set i 112} {$i < 124} {incr i} {
    set j [expr 1335 - $i]
    $ns add-isl crossseam $n($i) $n($j) $opt(bw_isl) $opt(ifq) $opt(qlim)
}
```

卫星节点生成代码如下所示(详细代码见 ns-2.35/tcl/ex/sat-teledesic-nodes.tcl)。

```
for {set a 1} {$a <= 12} {incr a} {
    for {set i [expr $a * 100]} {$i < [expr $a * 100 + 24]} {incr i} {
        if {$a % 2} {
            set stagger 0
        } else {
            set stagger 7.5
        }
        set imod [expr $i % 100]
        set n($i) [$ns node]
        $n($i) set-position $alt $inc [expr 15 * ($a - 1)] \
            [expr $stagger + $imod * 15] $a
    }
}
for {set a 1} {$a <= 12} {incr a} {
    for {set i [expr $a * 100]} {$i < [expr $a * 100 + 24]} {incr i} {
        if {$i % 100} {
            set next [expr $i - 1]
        } else {
            set next [expr $a * 100 + 23]
        }
        $n($i) set_next $n($next)
    }
}
```

基于上述场景,构建如下实验脚本进行仿真分析。其中,纬度和经度信息可根据实际需要调整,具体如何查询纬度和经度详见 7.2 节。

```
Node/SatNode set time_advance_ 0
HandoffManager/Term set elevation_mask_ 40
HandoffManager/Term set term_handoff_int_ 10
HandoffManager/Sat set sat_handoff_int_ 10
HandoffManager/Sat set latitude_threshold_ 60
HandoffManager/Sat set longitude_threshold_ 8
HandoffManager set handoff_randomization_ true
SatRouteObject set metric_delay_ true
SatRouteObject set data_driven_computation_ true
```

```
ns-random 1
Agent set ttl_ 32
global opt
set opt(chan)            Channel/Sat
set opt(bw_down)         1.5Mb
set opt(bw_up)           1.5Mb
set opt(bw_isl)          155Mb
set opt(phy)             Phy/Sat
set opt(mac)             Mac/Sat
set opt(ifq)             Queue/DropTail
set opt(qlim)            50
set opt(ll)              LL/Sat
set opt(wiredRouting)    OFF
set opt(alt)             1375
set opt(inc)             84.7
global ns
set ns [new Simulator]
set outfile [open sat-teledesic.tr w]
$ns trace-all $outfile
$ns node-config -satNodeType polar \
        -llType $opt(ll) \
        -ifqType $opt(ifq) \
        -ifqLen $opt(qlim) \
        -macType $opt(mac) \
        -phyType $opt(phy) \
        -channelType $opt(chan) \
        -downlinkBW $opt(bw_down) \
        -wiredRouting $opt(wiredRouting)

set alt $opt(alt)
set inc $opt(inc)
source sat-teledesic-nodes.tcl
source sat-teledesic-links.tcl
$ns node-config -satNodeType terminal
set n100 [$ns node]
$n100 set-position 39.54 116.28
set n101 [$ns node]
$n101 set-position 31.12 121.26
$n100 add-gsl polar $opt(ll) $opt(ifq) $opt(qlim) $opt(mac) $opt(bw_up) \
  $opt(phy) [$n(100) set downlink_] [$n(100) set uplink_]
$n101 add-gsl polar $opt(ll) $opt(ifq) $opt(qlim) $opt(mac) $opt(bw_up) \
  $opt(phy) [$n(100) set downlink_] [$n(100) set uplink_]
$ns trace-all-satlinks $outfile

set udp0 [new Agent/UDP]
```

```
$ns attach-agent $n100 $udp0
set cbr0 [new Application/Traffic/CBR]
$cbr0 attach-agent $udp0
$cbr0 set interval_ 60
set null0 [new Agent/Null]
$ns attach-agent $n101 $null0
$ns connect $udp0 $null0
$ns at 1.0 "$cbr0 start"

set satrouteobject_ [new SatRouteObject]
$satrouteobject_ suppress_initial_computation
$ns at 0.5 "$satrouteobject_ compute_routes"
$ns at 86400.0 "finish"
proc finish {} {
    global ns outfile
    $ns flush-trace
    close $outfile
    exit 0
}
$ns run
```

根据上述脚本代码,可按如下操作完成实验。

(1)使用 Ctrl＋Alt＋T 组合键打开终端,并用 cd/home/wiotlab/WIoTLab/exps/lab7 命令切换路径,接着使用 touch sat-teledesic.tcl 创建脚本文件,将上述代码录入该文件中。

(2)在命令行终端运行 ns sat-teledesic.tcl 执行脚本,成功后会产生 sat-teledesic.tr 文件,格式同前。注意,在执行 sat-teledesic.tcl 前需将 sat-teledesic-nodes.tcl 和 sat-teledesic-links.tcl 复制到/home/wiotlab/WIoTLab/exps/lab7 中。

(3)分析数据包端到端投递时延,具体脚本代码如前述 delay.awk(仅需修改 to＝＝"289")。执行 awk -f delay.awk sat-teledesic.tr ＞delay.d,会得到处理后的数据并保存在 delay.d 文件中。接着执行 gnuplot delay.gp,会生成图 7.4 所示的结果,并保存在文件 delay.pdf 中。

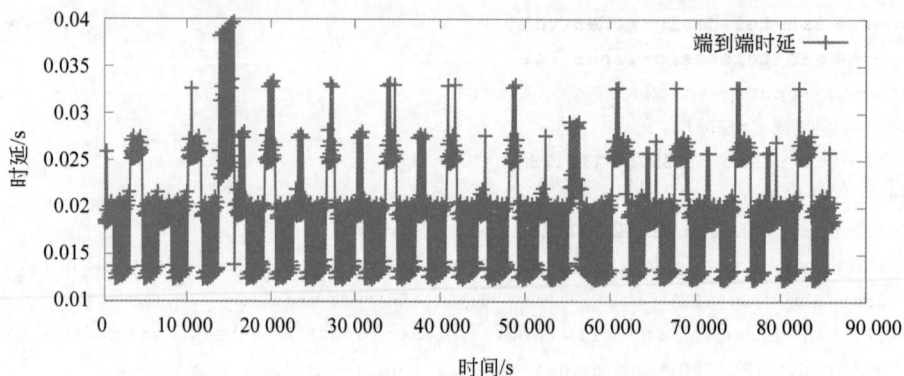

图 7.4 Teledesic 系统中北京—上海端到端时延分析结果

7.4　扩展练习

本章介绍了低轨卫星网络的发展及相关系统,并用 NS-2 仿真分析了 Iridium 和 Teledesic 两个经典卫星系统的端到端时延性能。读者可深入探索,扩展实验,具体如下。

(1) 增加分析指标:数据传输抖动、丢包等,更全面了解不同卫星系统的性能差异。

(2) 查询不同地理位置的纬度和经度数据,重新设置实验脚本中的信息,并重复 7.3 节的过程,了解不同距离对卫星传输的影响。

参 考 文 献

[1] JIANG W, ZHAN Y, XIAO X, et al. Network Simulators for Satellite-Terrestrial Integrated Networks: A Survey[J]. IEEE Access, 2023, 11: 98269-98292.

[2] KASSING S, BHATTACHERJEE D, ÁGUAS A B, et al. Exploring the "Internet from space" with Hypatia[C].//Proc. of IMC, 2020: 214-229.

[3] CAO X, ZHANG X. SaTCP: Link-Layer Informed TCP Adaptation for Highly Dynamic LEO Satellite Networks[C]. //Proc. of INFOCOM, 2023: 1-10.

第8章

蜂窝通信网络数据传输仿真

本章主要介绍蜂窝网络通信技术（4G/5G/6G）。重点利用 NS-3 分析 4G 网络的数据传输性能，特别是基站切换对数据传输的影响。

8.1 预 备 知 识

8.1.1 蜂窝通信发展

蜂窝网络通信，尤其是 5G 和未来的 6G，正经历快速的发展和演进，以下是蜂窝网络通信技术发展的主要历程。

第 1 代至第 4 代蜂窝通信技术（1G～4G）：20 世纪 70 年代末至 80 年代初推出 1G 网络，采用模拟信号通信，可提供语音通话服务，但存在信道有限、易受干扰、无法加密等问题。1990 年年初推出 2G 网络，使用数字信号处理技术提高了通信质量和安全性，并引入短信服务。为提供低速数据传输服务，在 2G 基础上引入通用分组无线服务（General Packet Radio Service，GPRS）和 GSM 演进增强型数据速率（Enhanced Data rate for GSM Evolution，EDGE），形成 2.5G 网络。在 2000 年年初，3G 网络逐步商用，支持图像、音乐、视频等媒体内容处理，使移动互联网服务可行。在 3G 基础上引入高速分组接入（High Speed Packet Access，HSPA）和 HSPA＋（支持更快下载速度），进一步提高数据速率，形成了 3.5G。自 2010 年开始，4G 开始商用，可提供极高数据速率、低时延，支持高清视频流、视频通话和高速互联网接入，进一步推动了移动互联网和移动应用的快速发展。

第五代蜂窝通信技术（5G）：从 2020 年前后逐步商用，可提供更高数据传输速率（理论用户体验峰值速率达 1Gb/s 以上）、更低时延（1ms 以下的通信时延）、更大设备连接能力（每平方千米可同时连接多达 100 万台设备）、更高可靠性和更广泛的应用服务等。5G 支持增强型移动宽带（enhanced Mobile Broadband，eMBB，适用于高清视频流、虚拟现实和增强现实等）、超可靠低时延通信（ultra-Reliable Low Latency Communication，uRLLC，适用于自动驾驶、工业自动化、远程医疗等）、大规模机器类型通信（massive Machine Type Communication，mMTC，适用于智慧城市、智能农业、智能家居等）几类场景。

未来第六代蜂窝通信技术(6G)：目前尚处于早期研究阶段。6G 的目标是在 5G 基础上提供更高传输速率、更低时延(亚毫秒甚至微秒通信时延)、更大连接容量(支持更多设备同时连接)、更广泛频谱(如太赫兹频段)、更高能源效率、更智能(采用机器学习实现网络自我优化、自我修复和智能资源分配)和更多应用场景。6G 可望支撑全息通信,高清晰度 3D 全息视频通话和远程呈现;远程感知和操控,提供高精度、实时的远程感知和操控能力;智慧城市和基础设施,更加智能化的城市管理和基础设施监控;增强现实和虚拟现实,提供无缝的增强现实和虚拟现实体验。6G 相关更多内容请参见《无线网络技术》第 4 章。

8.1.2　4G LTE 蜂窝通信

在 4G 网络中,LTE(Long Term Evolution)是主要技术标准之一(详见附录 B 说明和"无线网络技术教学研究平台"),由 3GPP(3rd Generation Partnership Project)制定,具备全 IP 网络、网络扁平化、多输入多输出(Multiple Input Multiple Output,MIMO)、正交频分多址(Orthogonal Frequency Division Multiple Access,OFDMA)等特点,如图 8.1 所示。LTE 是 3G 技术的演进,旨在提供更高的数据传输速率(支持高达 100Mb/s 的下行速率和 50Mb/s 的上行速率,实际速率受网络负载和地理位置等因素影响)、更低时延(低于 5ms 的通信时延)、更宽频谱带宽(1.4～20MHz 可变带宽)。从传输速率上看,LTE 只能算 3.9G,而升级版的 LTE Advanced 才满足 ITU 对 4G 的要求。

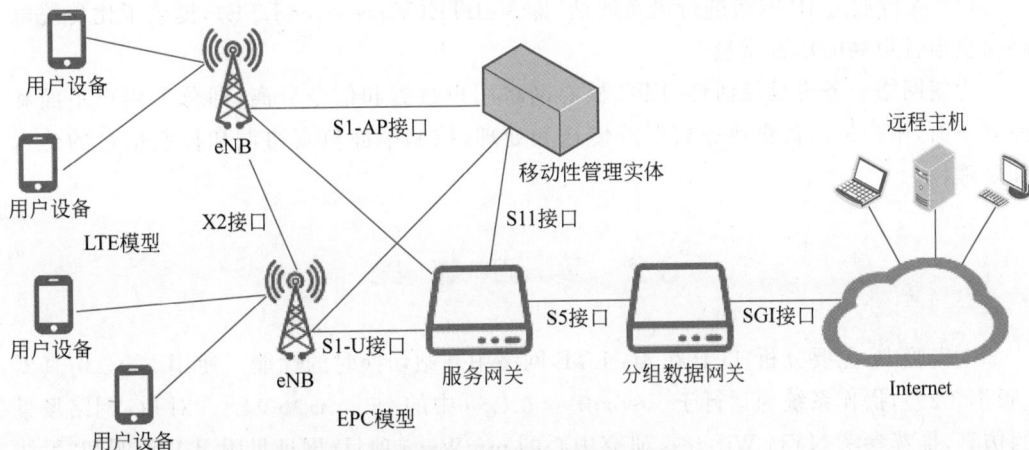

图 8.1　LTE 基本构成示意图

为满足 4G 性能要求,LTE 提供了 4 部分关键组件:①用户设备(User Equipment,UE),如智能手机,通过射频信道与基站进行通信;②基站(Base Station,BS),4G 中称为 **evolved Node B**(eNB),而 5G 中称为 **the next generation Node B**(gNB),连接 UE 并与核心网进行通信,负责无线接入和数据传输;③核心网(Core Network,CN),实现用户数据传输/鉴权/计费等功能,由多个网络元素构成,如移动管理实体(Mobility Management Entity,MME)、服务网关(Serving Gateway,SGW)和数据包网络网关(Packet Data Network Gateway,PGW)等;④公共数据网络(Public Data Network,

PDN），提供互联网连接和其他服务，如 IP 网络和云服务等。LTE 的具体特性如下。

（1）被称为演进的通用移动通信系统（Universal Mobile Telecommunications System，UMTS）陆地无线接入网（E-UTRAN），如图 8.2 所示，简化了 3G 中无线网络控制器（Radio Network Controller，RNC）和基站控制器（Base Station Controller，BSC）等节点，仅保留 eNB。

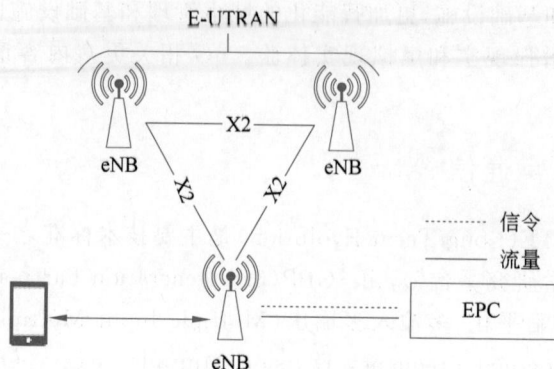

图 8.2　E-UTRAN 示意图

（2）演进分组核心（Evolved Packet Core，EPC）由 MME、SGW、PGW 等网元构成，可支持 3GPP 和非 3GPP（如 Wi-Fi、WiMAX 等）多种接入方式的异构网络融合架构。

（3）支持更精细 QoS 管理，确保不同类型业务能获得所需网络资源。

（4）支持通过 IP 网络进行语音通话，即 VoLTE（Voice over LTE），提供了比传统电路交换语音更高的语音质量。

为使网络业务更具灵活性，EPC 核心网将用户数据和信令分离，即分为用户平面和控制平面，用户平面负责业务数据的传送和处理，控制平面负责协调和控制信令的传送和处理。

8.2　实　验　环　境

本实验中，主要分析 TCP 在 4G LTE 网络中基站切换时的性能。使用 NS-3 仿真器（版本 3.29），操作系统为运行于 VirtualBox 6.1.50 中的 Ubuntu 20.04.1。对 5G 网络场景的仿真，推荐参考 NYU Wireless 研究中心的 mmWave 项目（网址见附录 B 说明和"无线网络技术教学研究平台"）。

在 LTE-EPC 数据平面协议栈中（见图 8.3），NS-3 中实现了数据路径上的所有节点（可参考官方文档，网址见附录 B 说明和"无线网络技术教学研究平台"），即 UE、eNB、SGW、PGW 和 Internet 中的远程主机，支持 3GPP 指定的所有协议栈（S5 协议栈、S1-U 协议栈和 LTE 无线协议栈）。

LTE-EPC 控制平面协议栈如图 8.4 所示，NS-3 显式建模的控制接口包括 S1-MME、S11、S5 接口和 X2 接口。S1-MME、S11 和 S5 接口使用流控制传输协议（Stream Control Transmission Protocol，SCTP）作为传输协议，利用其各自链路上发送的协议数据单元进

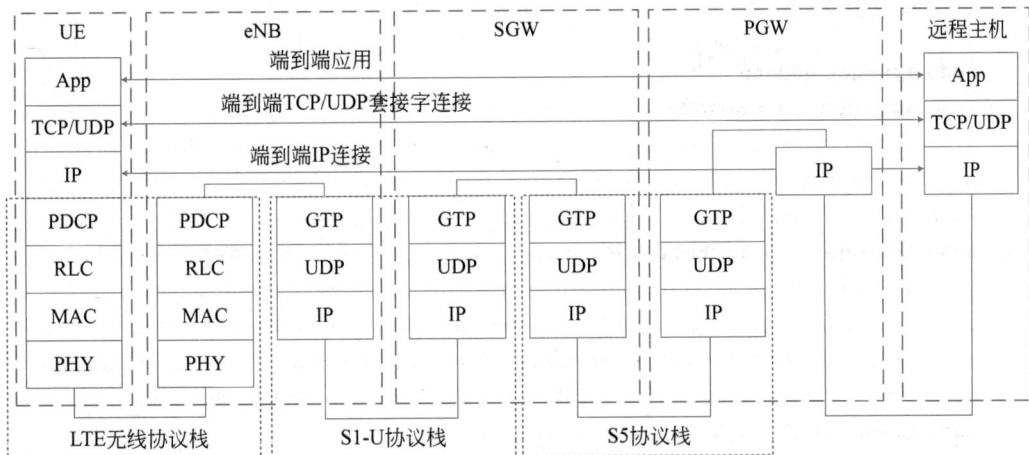

图 8.3　LTE-EPC 数据平面协议栈

行建模。在 LTE-EPC 建模时,NS-3 中尚未实现 SCTP,因而使用 UDP 代替 SCTP。

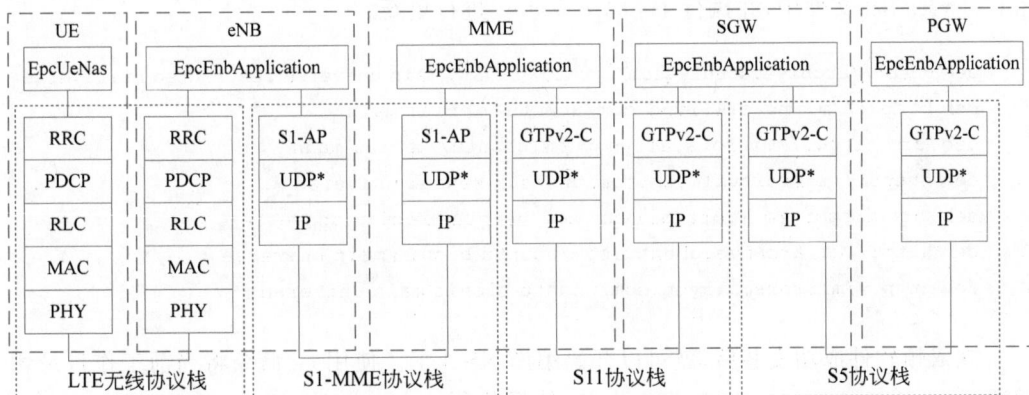

图 8.4　LTE-EPC 控制平面协议栈

8.3　实验步骤

为便于实验过程描述,本章实验的根路径设置为 **/home/wiotlab/WIoTLab/tools/ ns3**,ns3 为实验所需的源码目录,其中包含了 bake、netanim-3.108、ns-3.29 等文件夹和 build.py、constants.py、util.py 等文件。

8.3.1　NS-3 源码编译

正式编译 NS-3 前,需安装依赖软件,具体可参考官方 Wiki(网址见附录 B 说明和 "无线网络技术教学研究平台")。为便于快速开展本章实验,此处给出了如下所示的完整命令脚本。读者可将脚本保存为 **install_dep.sh** 文件并放置在 Ubuntu 20.04.1 的用户目录中,执行 **chmod ＋x install_dep.sh**; **./install_dep.sh** 进行快速安装。安装过程中可能会提示输入系统密码。

```
sudo apt-get update
sudo apt-get -y install build-essential libsqlite3-dev libboost-all-dev
libssl-dev git python3-setuptools castxml gir1.2-goocanvas-2.0 gir1.2-gtk-
3.0 libgirepository1.0-dev python3-dev python3-gi python3-gi-cairo python3-
pip python3-pygraphviz python3-pygccxml
sudo apt-get -y install g++ pkg-config sqlite3 qt5-default mercurial
ipython3 openmpi-bin openmpi-common openmpi-doc libopenmpi-dev autoconf cvs
bzr unrar gdb valgrind uncrustify doxygen graphviz imagemagick python3-sphinx
dia tcpdump libxml2 libxml2-dev cmake libc6-dev libc6-dev-i386 libclang-6.0-
dev llvm-6.0-dev automake vtun lxc uml-utilities libgtk-3-dev
sudo ln -s /usr/bin/python3 /usr/bin/python
python -m pip install --user cxxfilt pybindgen
```

若安装 NS-3 依赖软件过程中出现无法找到软件的问题,可将下述内容添加到/etc/apt/sources.list 文件中,并执行 sudo apt update 进行更新。

```
deb http://archive.ubuntu.com/ubuntu/ trusty main universe restricted multiverse
deb https://mirrors.aliyun.com/ubuntu/ xenial main
deb-src https://mirrors.aliyun.com/ubuntu/ xenial main
deb https://mirrors.aliyun.com/ubuntu/ xenial universe
deb-src https://mirrors.aliyun.com/ubuntu/ xenial universe
deb http://cz.archive.ubuntu.com/ubuntu bionic main universe
deb http://mirrors.aliyun.com/ubuntu bionic main universe
```

在依赖软件成功安装后,就可以开始编译 NS-3 了。使用 cd 命令将当前工作目录切换至/home/wiotlab/WIoTLab/tools/ns3,然后执行./build.py --enable-examples --enable-tests 进行 NS-3 编译。编译成功后,会出现如图 8.5 所示的结果输出。

```
Modules built:
antenna                  aodv                      applications
bridge                   buildings                 config-store
core                     csma                      csma-layout
dsdv                     dsr                       energy
fd-net-device            flow-monitor              internet
internet-apps            lr-wpan                   lte
mesh                     mobility                  mpi
netanim (no Python)      network                   nix-vector-routing
olsr                     point-to-point            point-to-point-layout
propagation              simple-wireless (no Python) sixlowpan
spectrum                 stats                     tap-bridge
test (no Python)         topology-read             traffic-control
uan                      virtual-net-device        wave
wifi                     wimax

Modules not built (see ns-3 tutorial for explanation):
brite                    click                     openflow
```

图 8.5　NS-3 编译成功输出

本章实验采用了华盛顿大学 FUNLAB 在 EE595 课程中修改的 NS-3(版本 3.29)源码(网址见附录 B 说明和"无线网络技术教学研究平台"),因而需对其进行编译。下载源码放置于/home/wiotlab/WIoTLab/tools/ns3 文件夹中并命名为 **handover**。使用 **cd** 命令切换到 **handover** 文件夹中，执行**./waf configure --enable-examples -d optimized**；**./waf build**。若提示 **waf** 找不到或权限问题，需执行 **chmod ＋x waf** 增加权限。

8.3.2　蜂窝通信仿真实验代码解析

实验构建了如图 8.6 所示的网络拓扑，其中拓扑范围（x2Distance 和 yDistanceForUe）、用户设备移动速度、基站切换方式等可通过命令行修改。传输文件大小为 200MB。

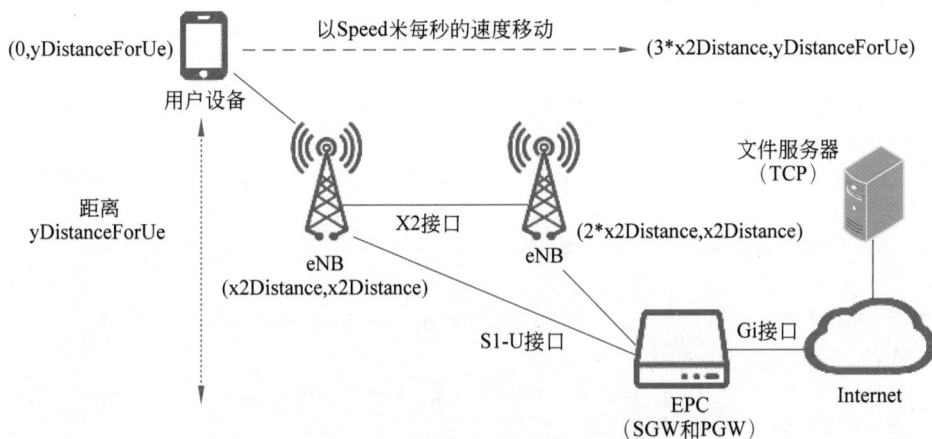

图 8.6　蜂窝通信仿真实验网络拓扑

实验的完整代码如下所示（可参见电子资源相应源代码文件）：

```
#include <iostream>
#include <iomanip>
#include <fstream>
#include <string>
#include "ns3/core-module.h"
#include "ns3/network-module.h"
#include "ns3/internet-module.h"
#include "ns3/mobility-module.h"
#include "ns3/lte-module.h"
#include "ns3/applications-module.h"
#include "ns3/point-to-point-module.h"
using namespace ns3;
NS_LOG_COMPONENT_DEFINE ("LteTcpX2Handover");
std::ofstream g_ueMeasurements;
std::ofstream g_packetSinkRx;
std::ofstream g_cqiTrace;
std::ofstream g_tcpCongStateTrace;
std::ofstream g_positionTrace;
//执行进度报告函数
```

```
void ReportProgress (Time reportingInterval) {
    std::cout << "*** Simulation time: " << std::fixed << std::setprecision
(1) << Simulator::Now ().GetSeconds () << "s" << std::endl;
    Simulator::Schedule (reportingInterval, &ReportProgress, reportingInterval);
}
//从类似"/NodeList/3/DeviceList/1/Mac/Assoc"的字符串中抽取节点 ID
uint32_t ContextToNodeId (std::string context) {
    std::string sub = context.substr (10);
    uint32_t pos = sub.find ("/Device");
    return atoi (sub.substr (0,pos).c_str ());
}
void NotifyUdpReceived (std::string context, Ptr < const Packet > p, const
Address &addr) {
    std::cout << Simulator::Now ().GetSeconds () << " node "<< ContextToNodeId
(context)
    << " UDP received" << std::endl;
}
void NotifyConnectionEstablishedUe (std::string context, uint64_t imsi,
uint16_t cellid, uint16_t rnti) {
    std::cout << Simulator::Now ().GetSeconds () << " node " <<
ContextToNodeId (context)
    << " UE IMSI " << imsi<< ": connected to CellId " << cellid<< " with RNTI " <<rnti
<< std::endl;
}
void NotifyHandoverStartUe (std::string context, uint64_t imsi, uint16_t
cellid, uint16_t rnti, uint16_t targetCellId) {
    std::cout << Simulator::Now ().GetSeconds () << " node " <<
ContextToNodeId (context)
    << " UE IMSI " << imsi<< ": previously connected to CellId " << cellid << "
with RNTI " << rnti
    << ", doing handover to CellId " << targetCellId<< std::endl;
}
void NotifyHandoverEndOkUe (std::string context, uint64_t imsi, uint16_t
cellid, uint16_t rnti) {
    std::cout << Simulator::Now ().GetSeconds () << " node "<< ContextToNodeId
(context)
    << " UE IMSI " << imsi<< ": successful handover to CellId " << cellid
    << " with RNTI " << rnti<< std::endl;
}
void NotifyConnectionEstablishedEnb (std::string context, uint64_t imsi,
uint16_t cellid,uint16_t rnti) {
    std::cout << Simulator::Now ().GetSeconds () << " node "<< ContextToNodeId
(context)
```

```
                << " eNB CellId " << cellid<< ": successful connection of UE with IMSI " <
< imsi
        << " RNTI " << rnti<< std::endl;
}


void NotifyHandoverStartEnb (std::string context, uint64_t imsi, uint16_t
cellid, uint16_t rnti, uint16_t targetCellId) {
        std::cout << Simulator::Now ().GetSeconds () << " node "<< ContextToNodeId
(context)
        << " eNB CellId " << cellid<< ": start handover of UE with IMSI " << imsi
        << " RNTI " << rnti<< " to CellId " << targetCellId<< std::endl;
}
void NotifyHandoverEndOkEnb (std::string context, uint64_t imsi, uint16_t
cellid,uint16_t rnti) {
        std::cout << Simulator::Now ().GetSeconds () << " node "<< ContextToNodeId
(context)
        << " eNB CellId " << cellid<< ": completed handover of UE with IMSI " << imsi
        << " RNTI " << rnti<< std::endl;
}
void TracePosition (Ptr<Node> ue, Time interval) {
        Vector v = ue->GetObject<MobilityModel> ()->GetPosition ();
        g_positionTrace << std::setw (7) << std::setprecision (3) << std::fixed
        << Simulator::Now ().GetSeconds () << " "<< v.x << " "<< v.y<< std::endl;
        Simulator::Schedule (interval, &TracePosition, ue, interval);
}
void NotifyUeMeasurements (std::string context, uint16_t rnti, uint16_t
cellId, double rsrpDbm, double rsrqDbm, bool servingCell, uint8_t ccId) {
        g_ueMeasurements << std::setw (7) << std::setprecision (3) << std::fixed
        << Simulator::Now ().GetSeconds () << " " << std::setw (3) << cellId<< " "
        << std::setw (3) << (servingCell ?"1" : "0") << " " << std::setw (8) <<
rsrpDbm
        << " " << std::setw (8) << rsrqDbm << std::endl;
}
void NotifyPacketSinkRx (std::string context, Ptr< const Packet > packet,
const Address &address) {
        g_packetSinkRx << std::setw (7) << std::setprecision (3) << std::fixed
        << Simulator::Now ().GetSeconds () << " " << std::setw (5) << packet->
GetSize () << std::endl;
}
void NotifyCqiReport (std::string context, uint16_t rnti, uint8_t cqi) {
        g_cqiTrace << std::setw (7) << std::setprecision (3) << std::fixed
        << Simulator:: Now (). GetSeconds () << " " << std:: setw (4) <<
ContextToNodeId (context)
```

```
        << " " << std::setw (4) << rnti  << " " << std::setw (3) << static_cast<
uint16_t> (cqi) << std::endl;
}
void CongStateTrace (const TcpSocketState::TcpCongState_t oldValue, const
TcpSocketState::TcpCongState_t newValue) {
    g_tcpCongStateTrace << std::setw (7) << std::setprecision (3) <<
std::fixed
    << Simulator::Now ().GetSeconds () << " "<< std::setw (4)
    << TcpSocketState::TcpCongStateName[newValue] << std::endl;
}
void ConnectTcpTrace (void) {
    Config:: ConnectWithoutContext  ( "/NodeList/1/$ns3:: TcpL4Protocol/
SocketList/0/CongState", MakeCallback (&CongStateTrace));
}
//基于 RSRQ 度量的 X2 自动切换程序,其实例化两个 eNB,UE 关联到其中一个 eNB
//在 UE 移动过程中,其测量 RSRQ 并进行切换
int main (int argc, char * argv[]) {
    uint16_t numberOfUes = 1;
    uint16_t numberOfEnbs = 2;
    //命令行可改变的参数
    double x2Distance = 500.0;              //m
    double yDistanceForUe = 1000.0;         //m
    double speed = 20;                      //m/s
    double enbTxPowerDbm = 46.0;
    std::string handoverType = "A2A4";
    bool useRlcUm = false;
    bool verbose = false;
    bool pcap = false;
    //其他常量
    LogLevel logLevel = (LogLevel)(LOG_PREFIX_ALL | LOG_LEVEL_ALL);
    std::string traceFilePrefix = "lte-tcp-x2-handover";
    Time positionTracingInterval = Seconds (5);
    Time reportingInterval = Seconds (10);
    uint32_t ftpSize = 200000000;          //200 MB
    uint16_t port = 4000;                  //端口号
    Config::SetDefault ("ns3::LteHelper::UseIdealRrc", BooleanValue (true));
    CommandLine cmd;
    cmd.AddValue ("speed", "Speed of the UE (m/s)", speed);
    cmd.AddValue ("x2Distance", "Distance between eNB at X2 (meters)", x2Distance);
    cmd.AddValue ("yDistanceForUe", "y value (meters) for UE", yDistanceForUe);
    cmd.AddValue ("enbTxPowerDbm", "TX power (dBm) used by eNBs", enbTxPowerDbm);
    cmd.AddValue ("useRlcUm", "Use LTE RLC UM mode", useRlcUm);
    cmd.AddValue ("handoverType", "Handover type (A2A4 or A3Rsrp)", handoverType);
```

```cpp
    cmd.AddValue ("pcap", "Enable pcap tracing", pcap);
    cmd.AddValue ("verbose", "Enable verbose logging", verbose);
    cmd.Parse (argc, argv);
    double simTime = 50;                        //仿真时长
//如果移动开启,根据速度调整仿真时长
    if (speed < 10 && speed != 0) {
        std::cout << "Select a speed at least 10 m/s, or zero" << std::endl;
        exit (1);
    } else if (speed >= 10) {
        //Handover around the middle of the total simTime
        simTime = (double)(numberOfEnbs + 1) * x2Distance / speed;
    }
    if (verbose) {
        LogComponentEnable ("EpcX2", logLevel);
        LogComponentEnable ("A2A4RsrqHandoverAlgorithm", logLevel);
        LogComponentEnable ("A3RsrpHandoverAlgorithm", logLevel);
    }
    if (useRlcUm == false) {
        Config::SetDefault ("ns3::LteEnbRrc::EpsBearerToRlcMapping", EnumValue
(LteEnbRrc::RLC_AM_ALWAYS));
    }
    g_ueMeasurements.open ((traceFilePrefix + ".ue-measurements.dat").c_str
(), std::ofstream::out);
    g_ueMeasurements << "#time   cellId   isServingCell?  RSRP(dBm)  RSRQ
(dB)" << std::endl;
    g_packetSinkRx.open ((traceFilePrefix + ".tcp-receive.dat").c_str (),
std::ofstream::out);
    g_packetSinkRx << "#time   bytesRx" << std::endl;
    g_cqiTrace.open ((traceFilePrefix + ".cqi.dat").c_str (), std::ofstream::
out);
    g_cqiTrace << "#time   nodeId   rnti   cqi" << std::endl;
    g_tcpCongStateTrace.open ((traceFilePrefix + ".tcp-state.dat").c_str (),
std::ofstream::out);
    g_tcpCongStateTrace << "#time   congState" << std::endl;
    g_positionTrace.open ((traceFilePrefix + ".position.dat").c_str (), std::
ofstream::out);
    g_positionTrace << "#time   congState" << std::endl;
    Ptr<LteHelper> lteHelper = CreateObject<LteHelper> ();
    Ptr<PointToPointEpcHelper> epcHelper = CreateObject<PointToPointEpcHelper> ();
    lteHelper->SetEpcHelper (epcHelper);
    lteHelper->SetSchedulerType ("ns3::RrFfMacScheduler");
    if (handoverType == "A2A4") {
```

```
        lteHelper->SetHandoverAlgorithmType ("ns3::A2A4RsrqHandoverAlgorithm");
        lteHelper->SetHandoverAlgorithmAttribute ("ServingCellThreshold",
UintegerValue (30));
        lteHelper->SetHandoverAlgorithmAttribute ("NeighbourCellOffset",
UintegerValue (1));
    } else if (handoverType == "A3Rsrp") {
        lteHelper->SetHandoverAlgorithmType ("ns3::A3RsrpHandoverAlgorithm");
        lteHelper->SetHandoverAlgorithmAttribute ("Hysteresis", DoubleValue
(3.0));
        lteHelper->SetHandoverAlgorithmAttribute ("TimeToTrigger", TimeValue
(MilliSeconds (256)));
    } else {
        std::cout << "Unknown handover type: " << handoverType << std::endl;
        exit (1);
    }
    //创建单个 RemoteHost
    NodeContainer remoteHostContainer;
    remoteHostContainer.Create (1);
    Ptr<Node> remoteHost = remoteHostContainer.Get (0);
    InternetStackHelper internet;
    internet.Install (remoteHostContainer);
    //创建虚拟 Internet
    PointToPointHelper p2ph;
    p2ph.SetDeviceAttribute ("DataRate", DataRateValue (DataRate ("100Gb/s")));
    p2ph.SetDeviceAttribute ("Mtu", UintegerValue (1500));
    p2ph.SetChannelAttribute ("Delay", TimeValue (Seconds (0.010)));
    NetDeviceContainer internetDevices = p2ph.Install (epcHelper->GetPgwNode
(), remoteHost);
    Ipv4AddressHelper ipv4h;
    ipv4h.SetBase ("1.0.0.0", "255.0.0.0");
    Ipv4InterfaceContainer internetIpIfaces = ipv4h.Assign (internetDevices);
    Ipv4StaticRoutingHelper ipv4RoutingHelper;
    Ptr<Ipv4StaticRouting> remoteHostStaticRouting =
            ipv4RoutingHelper.GetStaticRouting (remoteHost->GetObject<Ipv4> ());
    //接口 0 为 localhost,接口 1 为 P2P 设备
    remoteHostStaticRouting->AddNetworkRouteTo (Ipv4Address ("7.0.0.0"),
                                    Ipv4Mask ("255.0.0.0"), 1);
    NodeContainer ueNodes;
    NodeContainer enbNodes;
    enbNodes.Create (numberOfEnbs);
    ueNodes.Create (numberOfUes);
    //在 eNB 上安装移动模型
    Ptr<ListPositionAllocator> enbPositionAlloc = CreateObject<
ListPositionAllocator> ();
```

```
    for (uint16_t i = 0; i < numberOfEnbs; i++) {
        Vector enbPosition (x2Distance * (i + 1), x2Distance, 0);
        enbPositionAlloc->Add (enbPosition);
    }
    MobilityHelper enbMobility;
    enbMobility.SetMobilityModel ("ns3::ConstantPositionMobilityModel");
    enbMobility.SetPositionAllocator (enbPositionAlloc);
    enbMobility.Install (enbNodes);
    //在 UE 上安装移动模型
    MobilityHelper ueMobility;
    ueMobility.SetMobilityModel ("ns3::ConstantVelocityMobilityModel");
    ueMobility.Install (ueNodes);
    ueNodes.Get (0)->GetObject<MobilityModel> ()->SetPosition (Vector (0,
yDistanceForUe, 0));
    ueNodes.Get (0)->GetObject<ConstantVelocityMobilityModel> ()
                ->SetVelocity (Vector (speed, 0, 0));
    //在 eNB 和 UE 上安装 LTE 设备
    Config::SetDefault ("ns3::LteEnbPhy::TxPower", DoubleValue (enbTxPowerDbm));
    NetDeviceContainer enbLteDevs = lteHelper->InstallEnbDevice (enbNodes);
    NetDeviceContainer ueLteDevs = lteHelper->InstallUeDevice (ueNodes);
    //在 UE 上安装 IP 栈
    internet.Install (ueNodes);
    Ipv4InterfaceContainer ueIpIfaces;
    ueIpIfaces = epcHelper->AssignUeIpv4Address (NetDeviceContainer
(ueLteDevs));
    //将所有 UE 关联至第 1 个 eNB
    for (uint16_t i = 0; i < numberOfUes; i++) {
        lteHelper->Attach (ueLteDevs.Get (i), enbLteDevs.Get (0));
    }
    Ptr<Ipv4StaticRouting> ueStaticRouting =
                ipv4RoutingHelper.GetStaticRouting (ueNodes.Get (0)->GetObject<
Ipv4> ());
    ueStaticRouting->SetDefaultRoute (epcHelper->GetUeDefaultGatewayAddress (), 1);
    BulkSendHelper ftpServer ("ns3::TcpSocketFactory", Address ());
    AddressValue remoteAddress (InetSocketAddress (ueIpIfaces.GetAddress (0),
port));
    ftpServer.SetAttribute ("Remote", remoteAddress);
    ftpServer.SetAttribute ("MaxBytes", UintegerValue (ftpSize));
    NS_LOG_LOGIC ("setting up TCP flow from remote host to UE");
    ApplicationContainer sourceApp = ftpServer.Install (remoteHost);
    sourceApp.Start (Seconds (1));
    sourceApp.Stop (Seconds (simTime));
    Address sinkLocalAddress (InetSocketAddress (Ipv4Address::GetAny (), port));
```

```
PacketSinkHelper sinkHelper ("ns3::TcpSocketFactory", sinkLocalAddress);
ApplicationContainer sinkApp = sinkHelper.Install (ueNodes.Get (0));
sinkApp.Start (Seconds (1));
sinkApp.Stop (Seconds (simTime));
Ptr<EpcTft> tft = Create<EpcTft> ();
EpcTft::PacketFilter dlpf;
dlpf.localPortStart = port;
dlpf.localPortEnd = port;
tft->Add (dlpf);
EpsBearer bearer (EpsBearer::NGBR_VIDEO_TCP_DEFAULT);
lteHelper->ActivateDedicatedEpsBearer (ueLteDevs.Get (0), bearer, tft);
//添加 X2 接口
lteHelper->AddX2Interface (enbNodes);
//追踪数据包
if (pcap){
    p2ph.EnablePcapAll ("lte-tcp-x2-handover");
}
lteHelper->EnablePhyTraces ();
lteHelper->EnableMacTraces ();
lteHelper->EnableRlcTraces ();
lteHelper->EnablePdcpTraces ();
Ptr<RadioBearerStatsCalculator> rlcStats = lteHelper->GetRlcStats ();
rlcStats->SetAttribute ("EpochDuration", TimeValue (Seconds (1.0)));
Ptr<RadioBearerStatsCalculator> pdcpStats = lteHelper->GetPdcpStats ();
pdcpStats->SetAttribute ("EpochDuration", TimeValue (Seconds (1.0)));
//连接自定义跟踪接收器,用于 RRC 连接建立和切换通知
Config::Connect ("/NodeList/*/DeviceList/*/LteEnbRrc/ConnectionEstablished",
            MakeCallback (&NotifyConnectionEstablishedEnb));
Config::Connect ("/NodeList/*/DeviceList/*/LteUeRrc/ConnectionEstablished",
            MakeCallback (&NotifyConnectionEstablishedUe));
Config::Connect ("/NodeList/*/DeviceList/*/LteEnbRrc/HandoverStart",
            MakeCallback (&NotifyHandoverStartEnb));
Config::Connect ("/NodeList/*/DeviceList/*/LteUeRrc/HandoverStart",
            MakeCallback (&NotifyHandoverStartUe));
Config::Connect ("/NodeList/*/DeviceList/*/LteEnbRrc/HandoverEndOk",
            MakeCallback (&NotifyHandoverEndOkEnb));
Config::Connect ("/NodeList/*/DeviceList/*/LteUeRrc/HandoverEndOk",
            MakeCallback (&NotifyHandoverEndOkUe));
//连接额外的跟踪以进行更多的实验跟踪
Config::Connect ("/NodeList/4/DeviceList/*/ComponentCarrierMapUe/*/
LteUePhy/ReportUeMeasurements", MakeCallback (&NotifyUeMeasurements));
    Config::Connect ("/NodeList/4/ApplicationList/*/$ns3::PacketSink/Rx",
MakeCallback (&NotifyPacketSinkRx));
```

```
        Config::Connect ("/NodeList/ * /DeviceList/ * /$ns3::LteEnbNetDevice/
ComponentCarrierMap/ * /FfMacScheduler/$ns3:: RrFfMacScheduler/WidebandCqiReport ",
MakeCallback (&NotifyCqiReport));
        //时延跟踪连接,直到 TCP 套接字存在
        Simulator::Schedule (Seconds (1.001), &ConnectTcpTrace);
        //启动位置追踪
        Simulator::Schedule (Seconds (0), &TracePosition, ueNodes.Get(0),
positionTracingInterval);
        //开始执行程序
        Vector vUe = ueNodes.Get (0)->GetObject<MobilityModel> ()->GetPosition ();
        Vector vEnb1 = enbNodes.Get (0)->GetObject<MobilityModel> ()->GetPosition ();
        Vector vEnb2 = enbNodes.Get (1)->GetObject<MobilityModel> ()->GetPosition ();
        std::cout << "Initial positions:  UE: (" << vUe.x << "," << vUe.y << "), "
            << "eNB1: (" << vEnb1.x << "," << vEnb1.y << "), "
            << "eNB2: (" << vEnb2.x << "," << vEnb2.y << ")" << std::endl;
        std::cout << "Simulation time: " << simTime << " sec" << std::endl;
        Simulator::Schedule (reportingInterval, &ReportProgress, reportingInterval);
        Simulator::Stop (Seconds (simTime));
        Simulator::Run ();
        Simulator::Destroy ();
        //关闭文件描述符
        g_ueMeasurements.close ();
        g_cqiTrace.close ();
        g_packetSinkRx.close ();
        g_tcpCongStateTrace.close ();
        g_positionTrace.close ();
        return 0;
}
```

　　根据上述实验代码,可按如下操作完成实验。

　　(1) 使用 **Ctrl＋Alt＋T** 组合键打开终端,并用 **cd/home/wiotlab/WIoTLab/tools/ ns3/handover/scratch** 命令切换路径,接着使用 **touch lte-tcp-x2-handover.cc** 创建实验代码文件,将上述代码录入该文件中。

　　(2) 在命令行终端运行**./waf --run "lte-tcp-x2-handover --speed＝20 --x2Distance＝ 500 --yDistanceForUe＝1000 --useRlcUm＝0 --handoverType＝A2A4"**,执行实验代码 (handoverType、speed、useRlcUm 等可根据所完成的实验目标修改,详见附录 B 说明和 "无线网络技术教学研究平台"的网址,读者自行尝试),运行成功后会在 handover 中产生 **lte-tcp-x2-handover.tcp-receive.dat**、**lte-tcp-x2-handover.tcp-state.dat** 等数据文件。

8.3.3　蜂窝通信仿真实验结果分析

　　在前面实验步骤(2)生成的数据基础上,可进行实验结果的可视化分析。本实验主

要分析 TCP 吞吐量、RSRQ(Reference Signal Receiving Quality)。其中,吞吐量数据可视化的 Python 脚本如下:

```python
import sys
import matplotlib
matplotlib.use('agg')
import matplotlib.pyplot as plt
import argparse
matplotlib.rcParams['font.sans-serif']=['SimHei']        #用黑体显示中文
matplotlib.rcParams['axes.unicode_minus']=False          #正常显示负号
plt.figure(figsize=(8, 4))
parser = argparse.ArgumentParser()
#位置参数
parser.add_argument("--fileName", help="file name", default="../lte-tcp-x2-handover.tcp-receive.dat")
parser.add_argument("--plotName", help="plot name", default="lte-tcp-x2-handover.tcp-throughput.pdf")
#可选的时间步长参数
parser.add_argument("--timestep", help="timestep resolution in seconds (default 0.1)")
parser.add_argument("--title", help="title string", default="LTE 切换对 TCP 吞吐量影响")
args = parser.parse_args()
timestep = 0.1
if args.timestep is not None:
    timestep = float(args.timestep)
#从输入文件创建每个时间步位的直方图
times=[]
bits_per_timestep=[]
fd = open(args.fileName, 'r')
current_time = 0
current_bits = 0
for line in fd:
    l = line.split()
    if line.startswith("#"):
        continue
    timestamp = float(l[0])
    if (timestamp < (current_time + timestep)):
        current_bits = current_bits + int(l[1]) * 8
    else:
        times.append(current_time + timestep)
        bits_per_timestep.append(current_bits)
        current_time = current_time + timestep
```

```
          while (current_time + timestep <= timestamp):
               times.append(current_time + timestep)
               bits_per_timestep.append(0)
               current_time = current_time + timestep
          current_bits = int(l[1]) * 8
#完成最后一个样本
times.append(current_time + timestep)
bits_per_timestep.append(current_bits)
fd.close()
if len(times) == 0:
    print("No data points found, exiting...")
    sys.exit(1)
#转换观察到的每时间步位数为 Mb/s,并绘制图表
rate_in_mbps = [float(x/timestep)/1e6 for x in bits_per_timestep]
plt.plot(times, rate_in_mbps)
plt.xlabel('时间/s')
plt.ylabel('速率/(Mb/s)')
plt.ylim([0,20])
plt.title(args.title)
plotname = args.plotName
plt.savefig(plotname, format='pdf')
plt.close()
sys.exit (0)
```

将上述代码保存为 **throughput.py** 文件,然后在 Windows 11 中执行 **python throughput.py**(需安装 matplotlib 库),可得到如图 8.7 所示结果。可知,基站切换时会造成 TCP 吞吐量降低,然后逐步恢复。

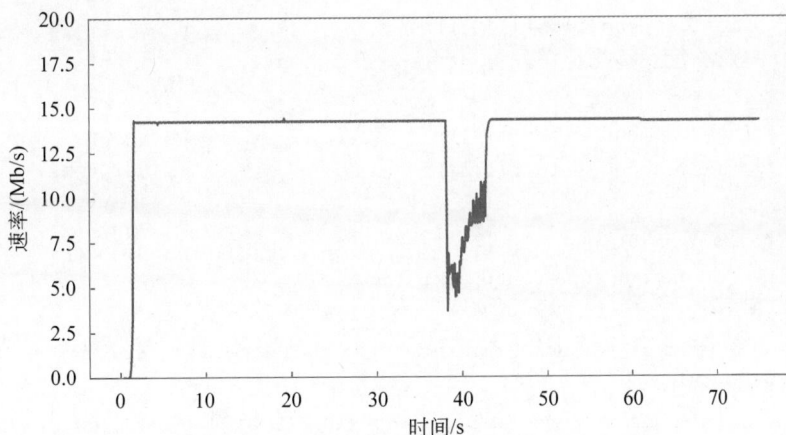

图 8.7　LTE 基站切换时 TCP 吞吐量变化

RSRQ 数据可视化的 Python 脚本如下:

```
import sys
import matplotlib
matplotlib.use('agg')
import matplotlib.pyplot as plt
import argparse
matplotlib.rcParams['font.sans-serif']=['SimHei']        #用黑体显示中文
matplotlib.rcParams['axes.unicode_minus']=False          #正常显示负号
plt.figure(figsize=(8, 4))
parser = argparse.ArgumentParser()
#位置参数
parser.add_argument("--fileName", help="file name", default="../lte-tcp-x2-
handover.ue-measurements.dat")
parser.add_argument("--plotName", help="plot name", default="lte-tcp-x2-
handover.rsrq.pdf")
#可选的时间步长参数
parser.add_argument("--title", help="title string", default="LTE handover
RSRQ")
args = parser.parse_args()
times1=[]
times2=[]
values1=[]
values2=[]
fd = open(args.fileName, 'r')
for line in fd:
    l = line.split()
    if line.startswith("#"):
        continue
    if l[1] == "1":
        times1.append(float(l[0]))
        values1.append(float(l[4]))
    elif l[1] == "2":
        times2.append(float(l[0]))
        values2.append(float(l[4]))
fd.close()
if len(times1) == 0:
    print("No data points found, exiting...")
    sys.exit(1)
plt.scatter(times1, values1, marker='.', label='cell 1', color='red')
if len(times2) != 0:
    plt.scatter(times2, values2, marker='.', label='cell 2', color='blue')
plt.xlabel('时间/s')
plt.ylabel('RSRQ/dB')
plt.title(args.title)
```

```
plotname = args.plotName
plt.savefig(plotname, format='pdf')
plt.close()
sys.exit (0)
```

将上述代码保存为 **rsrq.py** 文件,然后在 Windows 11 中执行 **python rsrq.py**(需安装 matplotlib 库),可得到如图 8.8 所示结果。

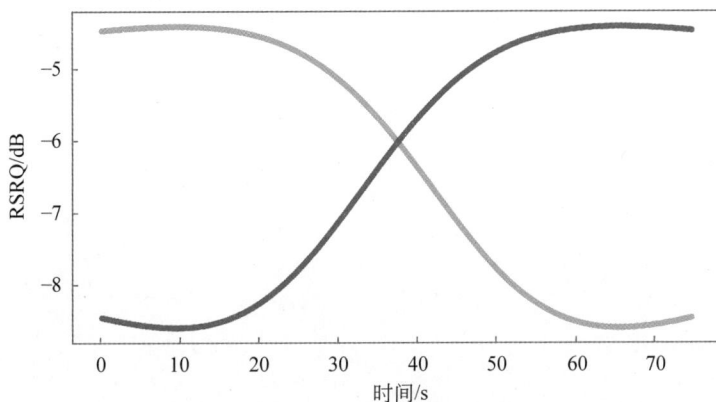

图 8.8　LTE 基站切换时 RSRQ 变化

8.4　扩 展 练 习

本章介绍了蜂窝无线广域网的基本概念和结构,并用 NS-3 分析了基站切换时 LTE 网络的 TCP 传输性能。在此基础上,读者可深入探索,扩展实验,具体如下:

(1) 将实验中的 speed 设置为 0,并变化 yDistanceForUe 的值,分析 RSRQ 的变化。

(2) 变化实验中的 speed 设置,分析 TCP 吞吐量的变化。

(3) 变化 yDistanceForUe 设置,分析 TCP 吞吐量的变化。

参 考 文 献

[1] PODDAR H, YOSHIMURA T, PAGIN M, et al. Full-Stack End-To-End mmWave Simulations Using 3GPP and NYUSIM Channel Model in ns-3[C].//Proc. of ICC,2023:1048-1053.

[2] MEZZAVILLA M, ZHANG M, POLESE M, et al. End-to-End Simulation of 5G mmWave Networks[J]. IEEE Communications Surveys & Tutorials,2018,20(3):2237-2263.

[3] KIM B H, CALIN D. On the Split-TCP Performance over Real 4G LTE and 3G Wireless Networks[J]. IEEE Communications Magazine,2017,55(4):124-131.

[4] NGUYEN B, BANERJEE A, GOPALAKRISHNAN V, et al. Towards Understanding TCP Performance on LTE/EPC Mobile Networks[C].//Proc. of AllThingsCellular,2014:41-46.

[5] REN Y, YANG W, ZHOU X, et al. A Survey on TCP over mmWave [J]. Computer

Communications，2021，171：80-88.

[6]　ZHANG M，POLESE M，MEZZAVILLA M，et al. Will TCP Work in mmWave 5G Cellular Networks?[J]IEEE Communications Magazine，2019，57(1)：65-71.

[7]　MEZZAVILLA M，DUTTA S，ZHANG M，et al. 5G MmWave Module for the ns-3 Network Simulator[C]. //Proc. of MSWiM，2015：283-290.

[8]　赵亚军，郁光辉，徐汉. 6G 移动通信网络：愿景、挑战与关键技术[J]. 中国科学：信息科学，2019，49(8)，963-987.

第9章

无线车联网仿真

本章主要介绍无线车联网的主要技术、组成及应用场景,并利用 SUMO、OMNeT++
等工具构建无线车联网仿真环境,进行简单的分析。

9.1 预备知识

9.1.1 无线车联网概述

无线车联网(Internet of Vehicles,IoV),也称车辆与万物(Vehicle to Everything,
V2X)通信,是以车内网、车际网和车载移动互联网为基础,实现车辆互联以及与周围基
础设施、人员和网络互联的高级系统。IoV 是应用于交通领域的更广泛的物联网生态系
统的关键组成部分,能提高道路安全性、交通效率和整体旅行体验。图 9.1 为无线车联网
部署示意图。

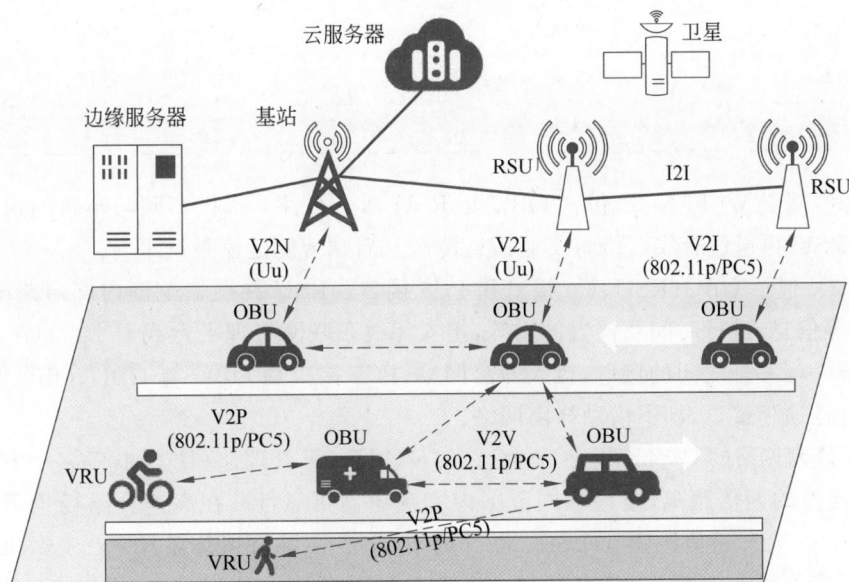

图 9.1 无线车联网部署示意图

无线车联网由两个关键单元组成,即车载单元(On-Board Unit,OBU)和路侧单元(Road Side Unit,RSU)。OBU 采集车况、路况、行人信息,提供与 RSU 及其他 OBU 的信息交互,同时具有蜂窝网络接入能力,接入无线车联网管理平台或云平台。RSU 则采集当前道路状况、交通状况等信息,通过网络,与路侧感知设备、交通信号灯、电子标牌等终端通信,实现车路互联互通、交通信号交互等功能,辅助驾驶员进行驾驶,保障整体交通人员及车辆安全。

无线车联网实体间通信分五种:车与车(Vehicle-to-Vehicle,V2V)、车与行人(Vehicle-to-Pedestrian,V2P)、车与路边基础设施(Vehicle-to-Infrastructure,V2I)、车与网络(Vehicle-to-Network,V2N)和车与云平台(Vehicle-to-Cloud,V2C)。V2V 交换位置、速度等信息,提高行车安全;V2P 旨在减少交通事故,保护行人安全;V2I 与交通信号灯、道路传感器等通信,管理和优化交通;V2N 获取实时交通信息、天气预报等;V2C 用于存储、处理和分析大量数据。

9.1.2　无线车联网技术标准

无线车联网主流技术分两种:专用短程通信(Dedicated Short-Range Communication,DSRC)和基于蜂窝的无线车联网(Cellular V2X,C-V2X),二者对比见表 9.1。

表 9.1　DSRC 与 C-V2X 对比

对比指标	DSRC	C-V2X
通信方式	IEEE 802.11p/IEEE 1609 标准通信	D2D 终端直连
最大传输距离/m	800	1000
最大移动速度/(km/h)	60	350
最大数据速率	27Mb/s	1Gb/s
频段/GHz	5.86~5.92	授权频段
时延/ms	大于 10	约 1

DSRC 基于 Wi-Fi 标准,包含 OBU 与 RSU 两个组件。提供车间与车路间信息的双向传输,RSU 再通过有线网络将交通信息传送至后端智能运输系统平台。

C-V2X 包括 OBU、RSU、Uu 接口和 PC5 接口。RSU 在覆盖范围内广播路况/信号灯/行人等信息,进行时间及位置同步等,接入无线车联网管理平台或云平台;Uu 接口是 OBU/RSU 与基站之间的接口,接入蜂窝网络;PC5 接口是 OBU 与 OBU、OBU 与 RSU 之间的直连通信接口,即不借助蜂窝网络。

基于蜂窝网络的 C-V2X 相比 DSRC 在容量、时延、可管理性和抗干扰等多个方面更具优势,能覆盖约两倍距离,或在相同范围内实现更高可靠性。在高速公路场景下(140~250km/h),C-V2X 通信距离比 DSRC 提升约 100%。在城市道路场景下(15~60km/h),C-V2X 通信距离比 DSRC 提升约 30%。此外,C-V2X 还支持集中和分布式相结合的拥塞控制机制,显著提升高密场景下接入用户数,实现更高效的资源分配。而在部署上,DSRC 组网需新建大量 RSU,硬件成本高昂。C-V2X 可复用 4G/5G 基站和网络,成本较低,具有清晰的 5G 演化路径。C-V2X 包含 LTE-V2X、eLTE-V2X 和向后演进的 5G NR-V2X。

有关无线车联网技术的更多内容参见《无线网络技术》第 10 章。

9.2　实验环境

本实验中,将采用开源的 Veins 仿真框架(见图 9.2,各主要模块细节可参考项目模块文档,网址见附录 B 说明和"无线网络技术教学研究平台"),模拟 V2X 通信,特别是 IEEE 802.11p 和 ITS-5G 标准的车载通信网络。Veins 基于两个成熟模拟器:①基于事件的网络模拟器 OMNeT++；②道路交通仿真模拟器 SUMO。Veins 对这些模拟器进行了扩展,为车联网络通信(Inter-Vehicle Communication,IVC)模拟提供了一套全面模型。

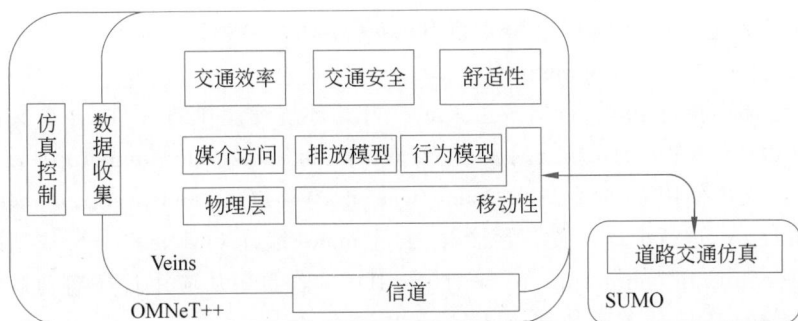

图 9.2　Veins 仿真框架示意图

Veins 特点:①集成了网络层和物理层仿真,在一个统一框架内模拟车辆移动和网络通信；②模块化设计,可轻松扩展和修改仿真模型,以适应不同研究需求；③开源和免费,利于学术研究和工业原型设计；④社区支持,提供文档和支持。

实验涉及主要组件:①OMNeT++,提供网络层仿真,仿真数据包在网络中的传输和处理；②SUMO,提供车辆移动模型,仿真车辆在道路网络中的行驶；③交通流控制接口(Traffic Control Interface,TraCI)是 SUMO 的一个组件,允许 OMNeT++ 与 SUMO 实时通信,交换车辆位置和速度等信息。

在本章实验开始前,假定读者已在 VirtualBox 6.1.50 中安装了 Ubuntu 20.04.1 的虚拟电脑系统,并且用户名和主机名都为 **wiotlab**。

9.3　实验步骤

9.3.1　Veins 环境构建

1. OMNeT++ 安装

本实验中,OMNeT++ 安装包为 omnetpp-5.6.2-src-linux.tgz(版本 5.6.2),下载地址

见附录 B 说明和"无线网络技术教学研究平台",其他版本未测试。具体安装过程如下。

（1）逐行执行下述命令,安装 OMNeT++ 编译所需的依赖包。

```
#更新软件源
sudo apt-get update
#安装编译依赖包
sudo apt-get install build-essential cmake gcc g++ bison flex perl python3 qt5-
default libqt5opengl5-dev tcl-dev tk-dev libxml2-dev zlib1g-dev default-jre
doxygen graphviz libwebkitgtk-3.0-0 libpcap-dev
#安装 osgearth 开发包
sudo apt-get install openscenegraph-plugin-osgearth libosgearth-dev
#并行仿真支持包
sudo apt-get install openmpi-bin libopenmpi-dev
```

（2）将安装包复制至虚拟电脑系统 **/home/wiotlab/WIoTLab/tools/veins** 目录中解压,然后将文件夹名字改为 **omnetpp**。

（3）在终端中执行 **sudo gedit ~/.bashrc**,打开环境变量配置文件,并在文件最后添加 **export PATH= $ PATH：/home/wiotlab/WIoTLab/tools/veins/omnetpp/bin**。

（4）在终端中使用 **cd** 命令进入 **/home/wiotlab/WIoTLab/tools/veins/omnetpp** 目录,并执行 **./configure** 进行编译配置。紧接着,执行 make 编译 OMNeT++。成功编译后提示 Now you can type "omnetpp" to start the IDE。若希望从应用程序启动器或通过桌面快捷方式访问 IDE,在终端执行 **make install-menu-item；make install-desktop-icon**。

（5）打开 OMNeT++,会弹出 INET 框架安装的提示框。勾选提示框中的两个复选框,并单击 OK 按钮开始安装（该过程需要一段时间）。

2. SUMO 安装

本实验中,SUMO 的版本为 1.8.0,直接从官网（网址见附录 B 说明和"无线网络技术教学研究平台"）下载,其他版本未测试。具体安装过程如下。

（1）在终端中执行 **sudo apt-get install libgdal-dev libproj-dev libxerces-c-dev libfox-1.6.dev**,安装 SUMO 必要依赖库。

（2）将安装包复制至虚拟电脑系统 **/home/wiotlab/WIoTLab/tools/veins** 目录中解压,然后将文件夹名字改为 **sumo**。

（3）在终端中执行 **sudo gedit ~/.bashrc**,打开环境变量配置文件,并在文件最后添加以下内容：

```
export SUMO_HOME=/home/wiotlab/WIoTLab/tools/veins/sumo
export PATH = $PATH: /home/wiotlab/WIoTLab/tools/veins/sumo/bin: /home/
wiotlab/WIoTLab/tools/veins/sumo/tools
```

（4）逐行执行下述命令,编译 SUMO 工具。编译成功后,可运行 **sumo-gui** 测试能否正常运行。若正常,会出现如图 9.3 所示的界面。

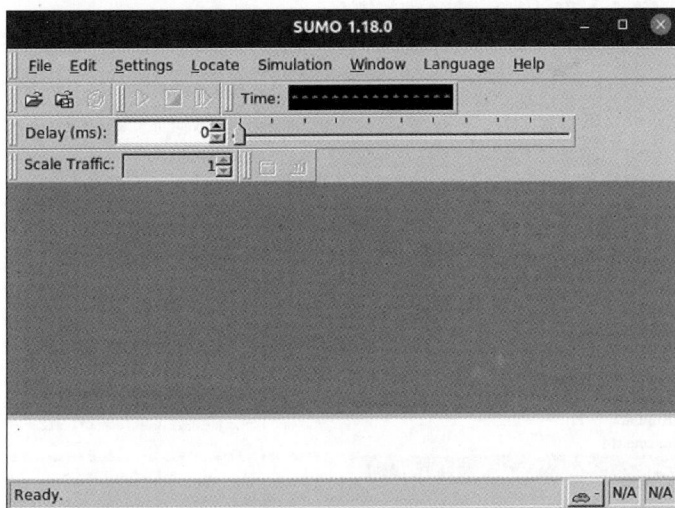

图 9.3 sumo-gui 界面

```
cd /home/wiotlab/WIoTLab/tools/veins/sumo/build/cmake_modules
cmake ../..
make
```

3. Veins 安装

本实验中,Veins 的版本为 5.2,直接从官网(网址见附录 B 说明和"无线网络技术教学研究平台")下载,其他版本未测试。具体安装过程如下。

(1) 在**/home/wiotlab/WIoTLab/tools/veins/omnetpp/samples** 目录中建立一个文件夹 vanet,并在该文件夹中建立 lte 和 ve 两个子文件夹。将 veins-5.2.zip 复制至 ve 中并解压,然后将其重命名为 **veins**。

(2) 打开命令行终端,并使用 cd 命令切换至**/home/wiotlab/WIoTLab/tools/veins/omnetpp/samples/vanet/ve/veins** 目录,然后执行 "**./configure; make -j $(nproc); python2 sumo-launchd.py -vv -c sumo-gui**",可得到最后输出 **Listening on port 9999**(端口号 9999 与后面 **omnetpp.ini** 配置文件里一致),保持该窗口不要关闭。打开 OMNeT++,并导入目录**/home/wiotlab/WioTLab /tools/veins/omnetpp/samples/vanet/ve/veins** 中的项目,然后按图 9.4 所示运行 Veins 例子(执行 **omnetpp.ini** 文件,即双击图中①处的文件,会在右侧显示文件内容,其为仿真项目的配置信息。然后,单击②处所示的 ▶ 按钮即可启动仿真)。

执行成功后,会出现如图 9.5 所示界面,①处可选择实验配置文件(本章实验保持 Default 不变),然后单击②处的 OK 按钮即可打开仿真界面(见图 9.6)。

单击图 9.7①处所示的 Run 按钮,即可开始仿真。

9.3.2 仿真地图制作

SUMO 仿真器运行需三个文件(以 lab9 命名):**lab9.net.xml** 文件,构建路网、创建交

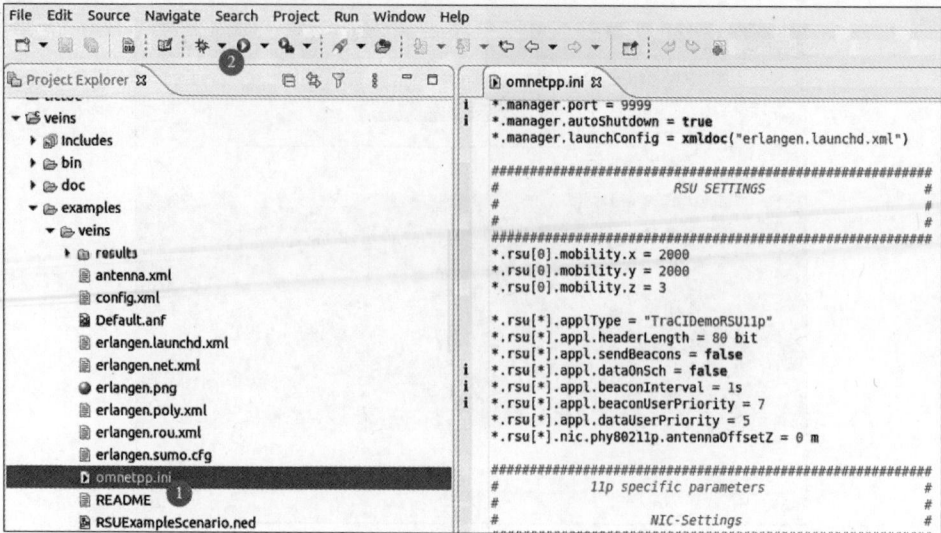
图 9.4 运行 Veins 例子

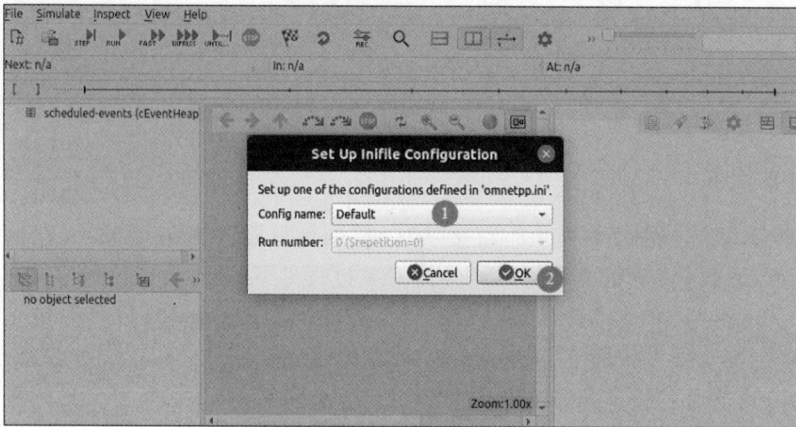
图 9.5 选择实验配置文件

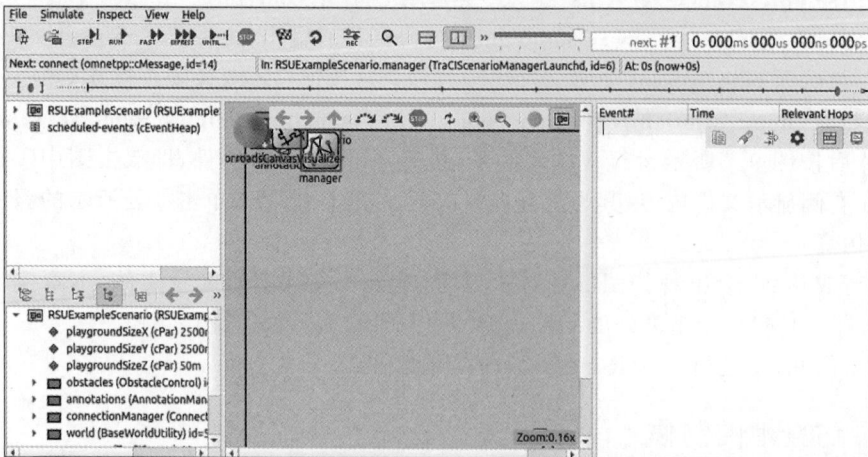
图 9.6 打开仿真界面

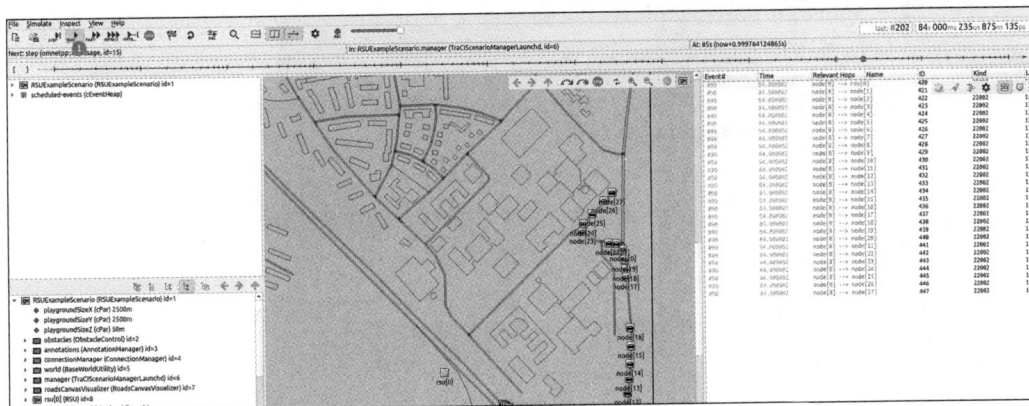

图 9.7　开始执行仿真

通信号灯等；**lab9.rou.xml** 文件，生成车辆；**lab9.sumo.cfg** 文件，将 **lab9.net.xml** 和 **lab9.rou.xml** 文件结合起来实现仿真。SUMO 路网文件包含道路、交叉口 ID 和位置信息、车道信息（数量、长度、最大速度、形状、功能等）、优先权信息、交通信号信息、交叉口信息等。接下来介绍如何定制路网文件，并应用到实际仿真中。

从 OpenStreetMap 中导出 **lab9.osm** 地图文件，并利用 **sumo/bin** 目录下的 **netconvert**（生成道路文件）和 **polyconvert**（生成地形文件）转换工具，以及 **sumo/tools** 目录下的 **randomTrips.py**（生成车辆行为文件）工具生成路网文件，具体参考本书 4.1.5 节内容（lab4 改为 lab9 即可）。正确执行后，会生成 **lab9.net.xml**、**lab9.poly.xml** 和 **lab9.rou.xml** 文件。与此同时，编写如下内容的 **lab9.sumo.cfg** 文件。

```xml
<?xml version="1.0" encoding="iso-8859-1"?>
<configuration xmlns:xsi="http://www.w3.org/2001/XMLSchema-instance" xsi:
noNamespaceSchemaLocation="http://sumo.sf.net/xsd/sumoConfiguration.xsd">
<input>
    <net-file value="lab9.net.xml"/>
    <route-files value="lab9.rou.xml"/>
    <additional-files value="lab9.poly.xml"/>
</input>
<time>
    <begin value="0"/>
    <end value="1000"/>
    <step-length value="0.1"/>
</time>
<report>
    <no-step-log value="true"/>
</report>
<gui_only>
    <start value="true"/>
</gui_only>
</configuration>
```

执行命令 **sumo-gui lab9.sumo.cfg**，正确情况下会出现图 9.8 所示界面，可验证上述生成的路网文件是否正确。

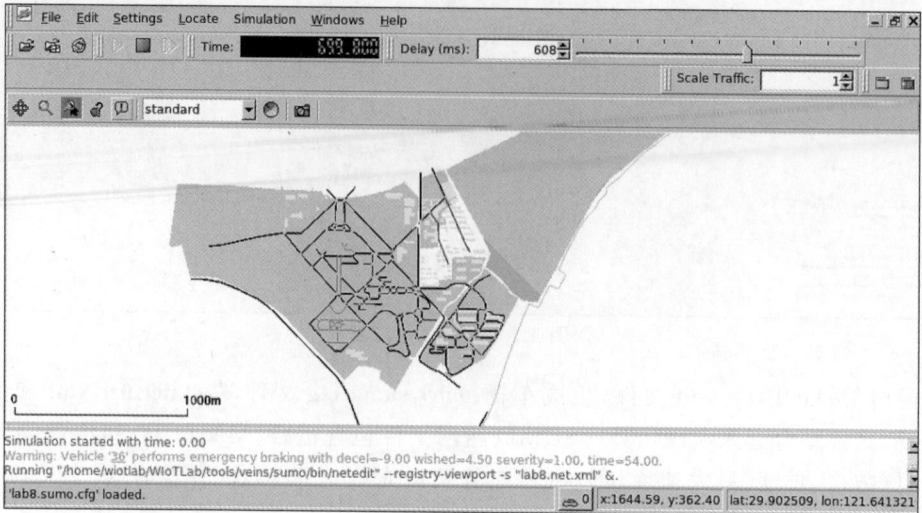

图 9.8 使用配置文件启动 SUMO 仿真

若需对地图进行少量修改，可单击图 9.8 中的 **Edit** 后选择 **Open in netedit**，出现如图 9.9 所示界面。选择右边路段（见图 9.9 中①处），在左侧会出现②处所示的可编辑信息。注意：修改后，**lab9.net.xml** 文件会发生变化，需重新生成车流行为文件，避免报错。

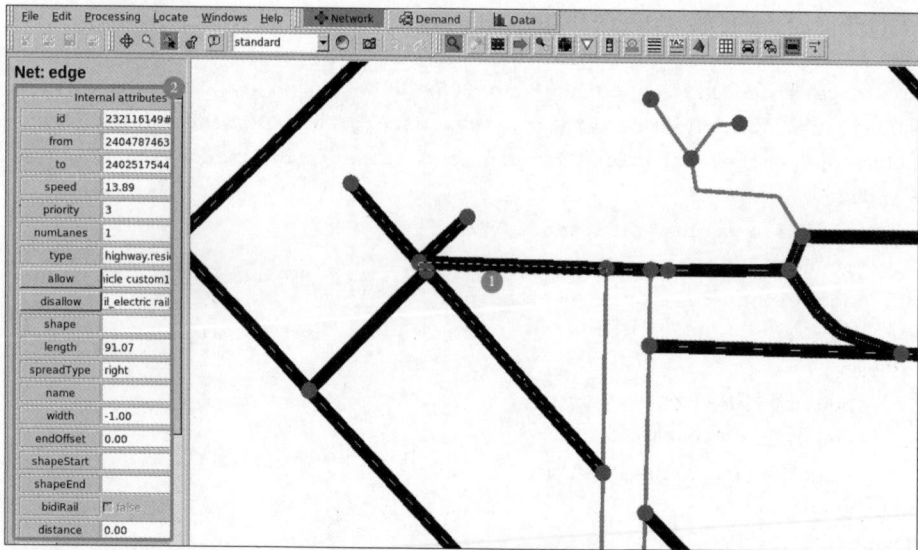

图 9.9 netedit 地图编辑界面

9.3.3 Veins 新地图加载

在将地图加入 Veins 前，需编写 lab9.launchd.xml 文件，其内容如下所示：

```
<launch>
    <copy file="lab9.net.xml" />
    <copy file="lab9.rou.xml" />
    <copy file="lab9.poly.xml" />
    <copy file="lab9.sumo.cfg" type="config" />
</launch>
```

将 lab9.launchd.xml、lab9.net.xml、lab9.rou.xml、lab9.poly.xml 和 lab9.sumo.cfg 共
5 个文件复制至 **/home/wiotlab/WIoTLab/tools/veins/omnetpp/samples/vanet/ve/veins/
examples/veins** 目录，并修改其中的 omnetpp.ini 文件（将 xmldoc（"erlangen.launchd.
xml"）修改为 xmldoc("lab9.launchd.xml")）。接着按图 9.4 所示运行 Veins。

在设计仿真场景时，可能会涉及多个 RSU，需在目录 **veins/examples/veins** 中的
RSUExampleScenario.ned 文件中设置 RSU 数量，且在 **veins/examples/veins** 目录中的
omnetpp.ini 文件中设置每个 RSU 在地图中的位置。

9.3.4　Veins 代码解析

1. 目录 veins/examples/veins 中文件

（1）results 文件夹：存储仿真运行后生成的所有输出和日志文件。

① Scalar files(.sca)：包含仿真结束时的统计信息，如发送和接收的包数量，时延平
均值和标准差等。

② Vector files(.vec)：包含仿真过程中记录的时间序列数据，如每个包发送和接收
时间，每个节点位置等。

③ Eventlog files(.elog)：若启用了事件日志记录，这些文件包含仿真过程中所有事
件的详细信息，可用 OMNeT++ 的 Sequence Chart 工具查看。

④ Log files(.log)：包含仿真过程中的日志信息，如错误和警告信息。

（2）antenna.xml：用于定义和配置无线通信中的天线模型。

（3）config.xml：用于配置仿真的无线信号传播和接收模型的物理特性。

① AnalogueModels 部分包含 SimplePathlossModel 和 SimpleObstacleShadowing。

- SimplePathlossModel 有一个 alpha 参数（值为 2.0），通常用于描述路径损失模型
  中的路径损失指数，是一个描述随着距离增加，信号强度如何衰减的参数。
- SimpleObstacleShadowing 是一个描述物体（如建筑物）对无线信号造成阴影效应
  的模型。这里定义了一类障碍物 building，并给出了每次穿越和每米对信号强度
  造成的衰减。

② Decider 部分定义了一个类型为 Decider80211p 的决策器。该决策器在无线通信
中通常用于决定在给定的信号和噪声条件下，是否可以成功接收一个包。Decider80211p
有一个 centerFrequency 参数（值为 5.890e9），表示决策器监听的中心频率。

（4）erlangen.launchd.xml：用于配置 SUMO 的启动参数。通过修改该文件，可改变
仿真的输入、时间参数、报告设置和 GUI 行为，从而影响仿真行为和结果。

（5）erlangen.net.xml：定义了网络文件，描述了道路网络的结构。

（6）erlangen.poly.xml：定义了附加文件，可用于描述建筑物或其他地理特征。

（7）erlangen.rou.xml：定义了路线文件，描述了车辆的路线。这里提供了车流控制的方法。

（8）erlangen.sumo.cfg：定义 SUMO 的输入文件、仿真的时间参数、报告设置以及 GUI 的行为。<input>部分定义了仿真的输入文件，<time>部分定义了仿真时间的参数（开始时间、结束时间、时间步长），<report>部分定义了仿真报告的设置，<gui_only>部分定义了 GUI 的行为。

（9）omnetpp.ini：用于配置仿真参数的文件，可定义和配置各种仿真参数，如仿真持续时间、所使用的网络模型、模块参数、随机数生成器种子等。

（10）RSUExampleScenario.ned：描述了一个名为 RSUExampleScenario 的网络，该网络扩展自 Scenario 类，并包含一个 RSU 类型的子模块。更改仿真场景 RSU 数量时需要修改此文件。

2. 目录 veins/src/veins/modules/application/traci 中部分文件

（1）TraCIDemo11p.ned：定义了一个名为 TraCIDemo11p 的简单模块，用于仿真车辆的应用层功能。该模块可以进行处理和发送基于无线车联网的消息。

（2）TraCIDemo11p.cc：演示如何在无线车联网中使用和处理消息。该模块实现了一个简单的车辆通信协议，其中车辆会定期广播其位置信息，可处理接收到的其他车辆位置信息。

（3）TraCIDemo11pMessage.msg：定义了一个 Veins 中的包，在无线车联网仿真用于传输数据。

（4）TraCIDemoRSU11p.ned：定义了一个名为 TraCIDemoRSU11p 的简单模块，用于仿真路侧单元的功能，可以处理和发送无线车联网的消息。

9.4 扩 展 练 习

本章介绍了无线车联网的基本概念、原理和通信方式，并利用 Veins 框架进行了分析，同时探讨了如何修改 Veins 代码并实现。读者可继续深入，扩展实验，如根据所在地区域，从 OpenStreetMap 截取合适地图，重复本章实验过程。有关 Veins 更多代码解释，可参考作者代码仓库（网址见附录 B 说明和"无线网络技术教学研究平台"）。

参 考 文 献

［1］ 况博裕，李雨泽，顾芳铭，等. 车联网安全研究综述：威胁、对策与未来展望［J］. 计算机研究与发展，2023，60(10)：2304-2321.

［2］ 陈山枝，时岩，胡金玲. 蜂窝车联网(CGV2X)综述［J］. 中国科学基金，2020，34(2)：179-185.

［3］　金博，胡延明. C-V2X 车联网产业发展综述与展望［J］. 电信科学，2020，36（3）：93-99.

［4］　林粤伟，王溢，张奇勋，等. 面向 6G 的通信感知一体化车联网研究综述［J］. 信号处理，2023，39(6)：963-974.

［5］　丁飞，张楠，李升波，等. 智能网联车路云协同系统架构与关键技术研究综述［J］. 自动化学报，2022，48(12)：2863-2885.

［6］　MD N-A-R，LIU Z，LEE H，et al. 6G for Vehicle-to-Everything（V2X）Communications：Enabling Technologies，Challenges，and Opportunities［J］. Proceedings of the IEEE，2022，110 (6)：712-734.

［7］　SEDAR R，KALALAS C，FRANCISCO V-G，et al. A Comprehensive Survey of V2X Cybersecurity Mechanisms and Future Research Paths ［J］. IEEE Open Journal of the Communications Society，2023，4：325-391.

第 10 章

chapter 10

无线网络信号测量实践

本章介绍无线网络接收信号强度和信道状态信息的基本概念,利用开源工具和 Python 代码分析环境因素对信号强度的影响,利用信道状态信息(Channel State Information,CSI)工具采集数据并进行分析和建模。

10.1 预 备 知 识

10.1.1 接收信号强度

接收信号强度(Received Signal Strength,RSS)与无线模块发射功率、射频前端设计和天线增益相关,是用于判断无线链路质量的重要指标。RSS 常用功率表示(单位为 W),但无线信号能量通常为毫瓦(mW)级别。如以 1mW 为基准,采用对数表示信号强度,即 RSS Indication(RSSI),单位为 Decibel-milliwatts(dBm)[①]。在无线信号中,1mW 就是 0dBm,能量小于 1mW 的信号,其 RSSI 为负数;能量大于 1mW 的信号,其 RSSI 为正数。一般来说,RSSI 值越大,表示当前网络信号越好,反之则越差。

直觉上,RSSI 与距离相关,距离越远则信号强度越低。RSSI 受发射功率/路径衰减/接收增益/系统处理增益等因素影响。对数距离路径损耗模型(解释见附录 B 说明和"无线网络技术教学研究平台")的数学表达式为

$$L = L_{Tx} - L_{Rx} = L_0 + 10 \cdot r \cdot \lg \frac{d}{d_0} + X_g \tag{10.1}$$

其中,L 是以 dB 表示的总路径损失,$L_{Tx} = 10 \cdot \lg \dfrac{P_{Tx}}{1mW} dBm$ 是传输功率等级(P_{Tx} 是传输功率),$L_{Rx} = 10 \cdot \lg \dfrac{P_{Rx}}{1mW} dBm$ 是接收功率等级(P_{Rx} 是接收功率),L_0 是在参考距离为 d_0 时 dB 表示的路径损失,d 是路径长度,d_0 是参考距离,r 是路径损耗指数,X_g 是均值为零的正态(高斯)随机变量。

[①] dB 是一个纯计数单位,$dB = 10\lg X$,可以轻易把一个极大或极小数表示出来;而 dBm 是一个带有量纲(mW)的两个功率比值的表示方法,是一个表示功率绝对值的单位,其计算公式为 $10\lg($功率值$/1mW)$。

实际建模 RSSI 与距离的关系较为复杂，这里仅给出如下的简化关系式：

$$d = 10^{(\mathrm{abs}(\mathrm{RSSI})-A)/10 \cdot n} \tag{10.2}$$

其中，d 单位为 m，RSSI 为接收信号强度（负值），A 为发射端和接收端间隔 1m 时的功率绝对值（dBm），n 为环境衰减因子。注意，参数 A（最佳范围为 $45 \sim 49$）和 n（最佳范围为 $3.25 \sim 4.5$）需根据实际情况调整。

根据通用的划分标准，大致可以将 RSSI 划分为以下五个等级：

（1）$-30 \sim -50$dBm：信号极好，可获得最高速率、最高可靠性和最佳稳定性。

（2）$-50 \sim -70$dBm：信号良好，可获得较高速率、较高可靠性和较佳稳定性。

（3）$-70 \sim -80$dBm：信号一般，可获得基本的数据服务，但可能会受到某些干扰。

（4）$-80 \sim -90$dBm：信号较差，数据服务不太可靠，会出现断线或连接缓慢等问题。

（5）$-90 \sim -120$dBm：信号极差，建议不要使用该信号进行数据传输。

10.1.2　信道状态信息

与 RSSI 相比（见表 10.1），CSI 在一定程度上刻画了多径传播。由于 CSI 作为物理层信息，包含了诸多 MAC 层不可见的信道信息。一方面，CSI 可从一个数据包中同时测量多个子载波的频率响应，而非全部子载波叠加的总体幅度响应，从而能更加精细地刻画频率选择性信道；另一方面，CSI 既可测量每个子载波的幅度，还可测量每个子载波的相位信息。

表 10.1　CSI 和 RSSI 的对比

项　　目	CSI	RSSI
信息类型	详细的信道特性（幅度和相位）	信号强度
精确性	高	低
计算复杂性	高	低
动态调整能力	强	弱
硬件开销	高	低
应用场景	需高级信号处理的场景，如 MIMO、波束赋形	资源受限设备和简单信号质量评估

通过利用恰当的信号处理技术，CSI 对不同的传播环境可呈现不同的子载波幅度和相位特征。而对于相同的传播环境，CSI 整体结构特征则可能保持相对稳定。通过综合应用信号处理和机器学习技术，可从 CSI 中提取更为精细且鲁棒的信号特征，从而在时域和频域上感知更细微或更大范围内的环境信息，提升 Wi-Fi 信号对环境的感知能力。CSI 可在定位和测距、智能家居、工业物联网、入侵者检测、人类活动检测和识别等方面得到广泛应用。

图 10.1 为采集的 CSI 数据构成，每个数据包都包含 $N \times M \times K$ 三维数据，连续 T 个数据包就构成了连续的三维数据 $\boldsymbol{H}$。$\boldsymbol{H}_{i,j,k,t}$ 表示第 i 根接收天线和第 j 根发射天线的第

k 个子载波上的信道频率响应(Channel Frequency Response,CFR)采样值。每组 CSI 值 $H_{......t}$ 表示一个正交频分复用(Orthogonal Frequency Division Multiplex,OFDM)子载波幅度和相位,以子载波频差为频率采样间隔,分别在 $N\times M$ 个空间域上对 Wi-Fi 带宽内的 CFR 的 K 个离散采样值。

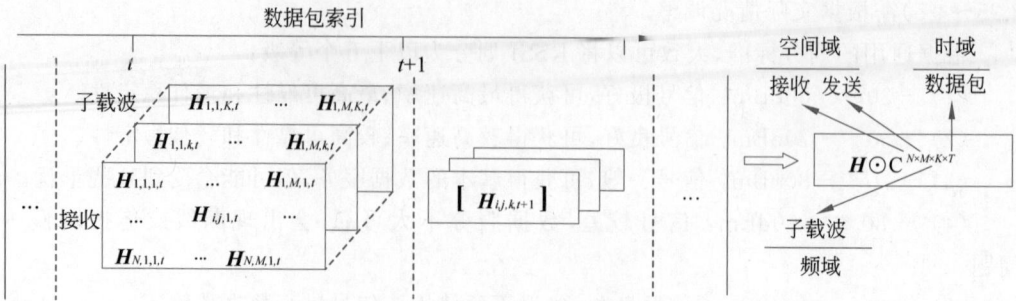

图 10.1　采集的 CSI 数据格式

10.1.3　无线局域网信道划分

无线局域网(Wi-Fi)采用 2.4GHz/5GHz 频段进行数据传输。2.4GHz 作为最早启用的工业科学医疗频段(Industrial Scientific Medical Band,ISM),频谱范围 2.4000～2.4835GHz(83.5MHz 带宽),常见的蓝牙、ZigBee、无线 USB、微波炉和无绳电话等也工作于该频段,会互扰严重。我国于 2002 年和 2012 年先后开放了 5.725～5.850GHz 和 5.150～5.350GHz 频段,5GHz 频段的 13 个非重叠信道可支持高带宽无线局域网,充分发挥网络多频点、高速率、低干扰的优势,有效缓解无线网络拥堵。图 10.2 和图 10.3 为 2.4GHz 和 5GHz 频段信道划分。

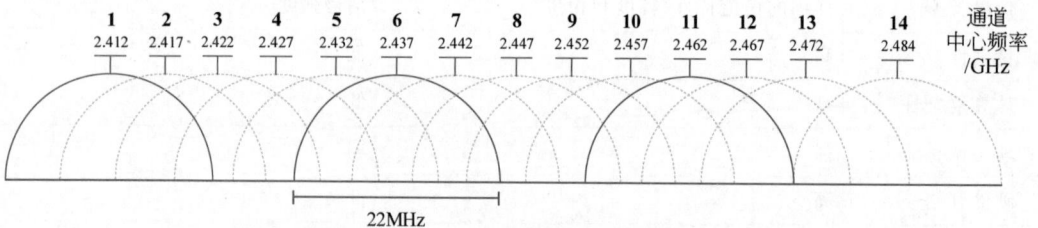

图 10.2　无线局域网的 2.4GHz 频段信道划分

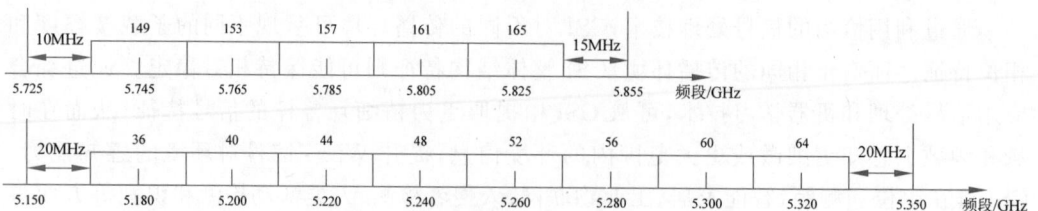

图 10.3　无线局域网的 5G 频段信道划分

为使工作于 5GHz 频段的无线系统与雷达和其他同类系统不发生互扰,Wi-Fi 引入两个关键技术:动态频率选择和发射功率控制。动态频率选择指当检测到存在同一无线信道的其他设备时,设备可结合当前信道状况,协商转到其他信道,避免互扰。

10.2 实 验 环 境

本实验环境为带有无线网卡(台式机可使用 USB 无线网卡,如 TL-WN725N)并安装了 Windows 11/Ubuntu 20.04.1(其他版本未测试)系统的计算机。硬件包括 ESP32-S3 开发板 2 块、ESP8266 开发板 1 块,软件包括 Arduino、Python、inSSIDer 4、Cellular-Z 等。

10.3 实 验 步 骤

10.3.1 Cellular-Z 查看无线网络

在该节实验中,使用移动端 Cellular-Z 应用查看无线网络详细信息。Cellular-Z 是一款集蜂窝网络、Wi-Fi 网络和定位等信息查看为一体的软件,具体操作步骤如下。

(1) 在手机应用市场上搜索 Cellular-Z,直接在线安装。

(2) 查看蜂窝网络信息,如图 10.4 所示。可看到,网络运营商为中国移动、网络为时分复用、频带为 Band 40(频率:2330MHz,带宽:20MHz)、RSSI 为 -67dBm(说明网络良好)。

(3) 查看 Wi-Fi 信息。手机连接 Wi-Fi 后,可通过 Cellular-Z 查看 Wi-Fi 信息。如图 10.5所示,可知手机 IP 地址为 10.98.140.191,而 Wi-Fi 的 IP 地址为 10.98.255.254(SSID:nbu-wireless),Wi-Fi 信号强度为 -62dBm,数据传输速率为 299Mb/s,使用信道52,频率为 5260MHz。

10.3.2 无线路由器配置

这里将配置 Wi-Fi 路由器组建无线局域网,并选择合适的无线信道(可使用 10.3.1 节的Cellular-Z,或 inSSIDer 等桌面应用),操作系统为 Windows 11。具体操作如下。

(1) 无线路由器 LAN/WAN 口通过网线与互联网相连,同时电源适配器(5V)连接Power 口,如图 10.6 所示。接通电源后,无线路由器指示灯闪烁,等待数秒后指示灯常亮。长按 Reset(重置按钮)5s 以上,指示灯闪烁且无线路由器恢复出厂设置。

(2) 若计算机未配置无线网卡,需自行购买无线网卡(如 TL-WN725N)并通过 USB与计算机相连。搜索到的无线路由器信号如图 10.7(a)所示,单击"连接"按钮可加入无线局域网。同时,可从无线路由器背面获取访问路由器的地址(192.168.1.253),如图 10.7(b)所示。

(3) 在计算机的浏览器地址栏中输入无线路由器地址,进入无线路由器登录界面,输入用户名/密码后可进入路由器配置界面(见图 10.8)。注意,首次或重置后登录需要设置管理员密码,并且不同型号/厂商的无线路由器界面不同。

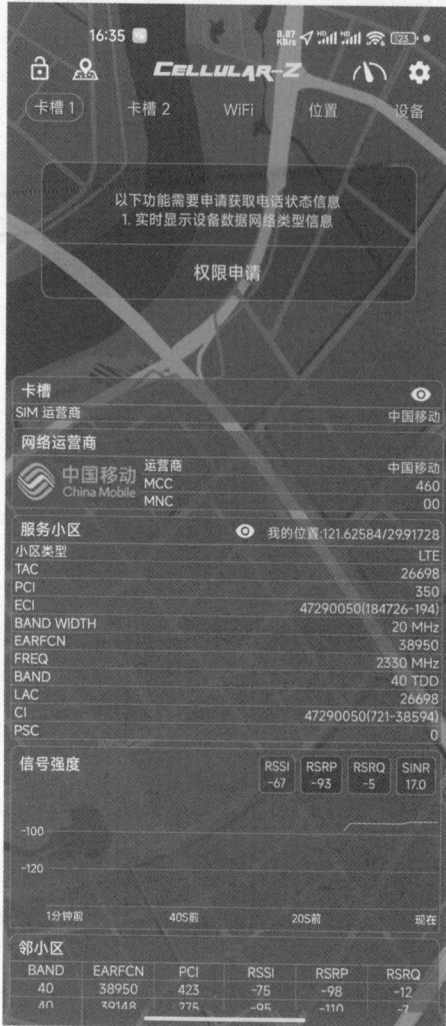

图 10.4　查看蜂窝网络信息

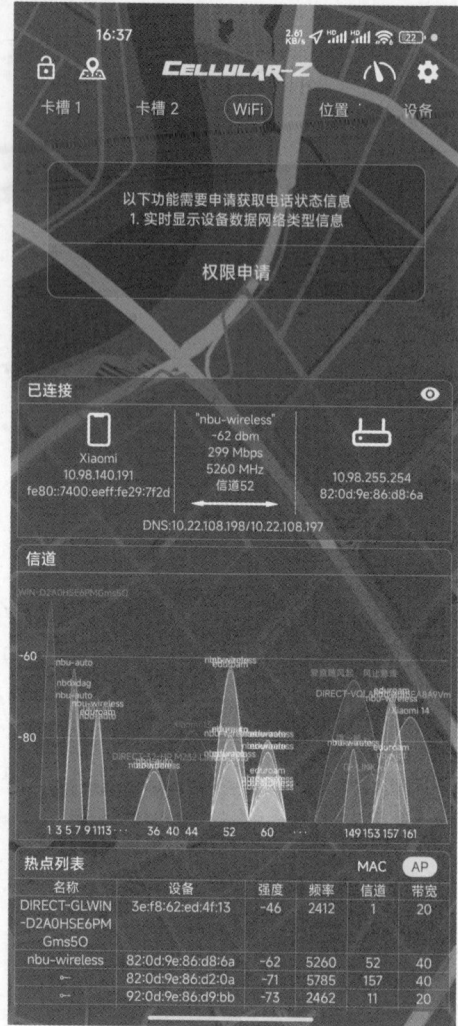

图 10.5　查看 Wi-Fi 信息

(a) 无线路由器接口　　　　(b) 无线路由器接线开机

图 10.6　无线路由器组装

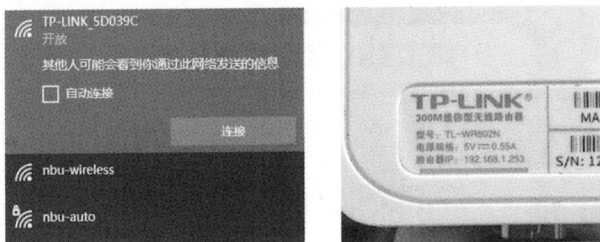

(a) 连接无线网络　　　　　(b) 无线路由器访问地址

图 10.7　无线局域网接入

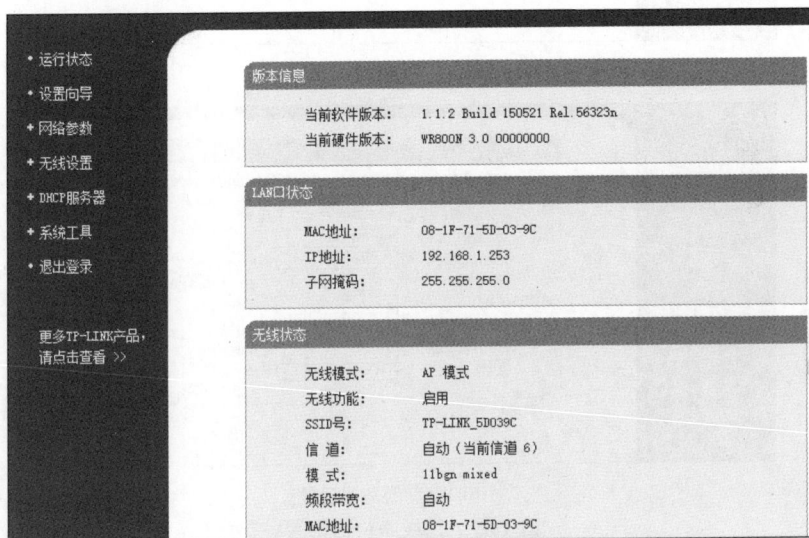

图 10.8　无线路由器配置界面

（4）进入无线路由器配置界面后，可以配置工作模式、网络参数、无线设置、DHCP 服务器等，如图 10.9 所示。在配置工作模式时，选择 AP 模式，无线设置中需配置 SSID 号、信道、模式、频段带宽等，如图 10.9(a)所示，同时开启无线功能和 SSID 广播。需注意，配置无线信道时，可使用 inSSIDer 软件测量无线信道占用情况（见图 10.10），选择较空闲信道。DHCP 服务启用并设置 IP 地址范围、地址租期等，如图 10.9(b)所示。此外还需配置无线路由器的安全访问：认证模式选择 WPA-PSK/WPA2-PSK，认证类型为自动、加密算法为 AES，设置 PSK 密钥和组密钥更新周期。

10.3.3　接收信号强度测量分析

无线信号 RSSI 测量的工具较多，可采用 Python 第三方工具库（网址见附录 B 说明和"无线网络技术教学研究平台"），也可使用硬件实现。在 Windows 命令行中执行 netsh wlan show networks mode=bssid 可获取信号质量，而在 Linux 命令行终端中可执行 iwconfig│grep Signal 获取信号质量。在该节实验中，采用了 ESP8266 硬件实现的方式。

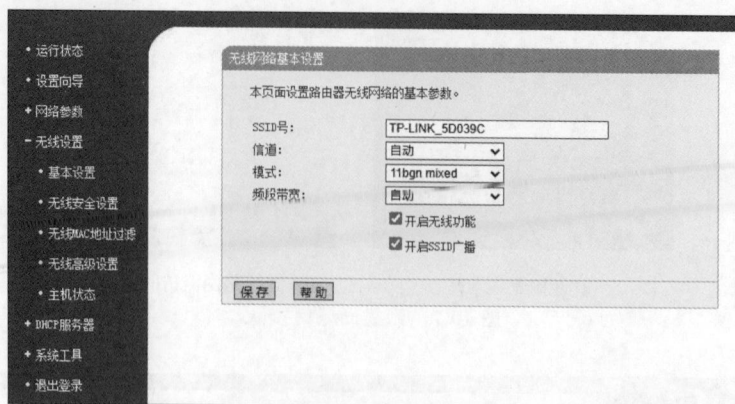

(a)无线设置

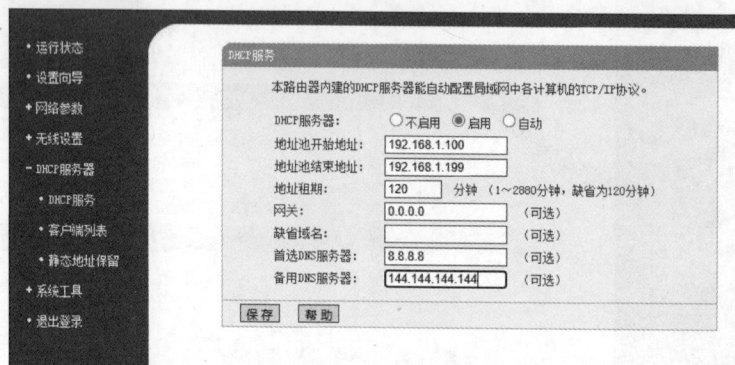

(b)DHCP 服务器配置

图 10.9　无线路由器配置

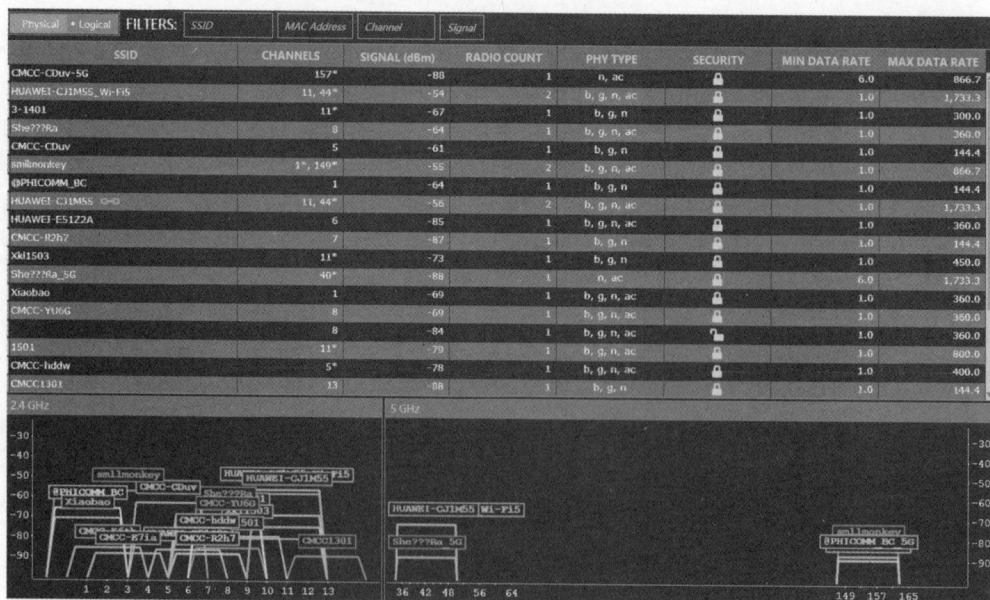

图 10.10　无线信道占用情况测量

1. 安装 Arduino 及 ESP8266 扩展库

首先，从 Arduino 官网（网址见附录 B 说明和"无线网络技术教学研究平台"）下载开发软件，本章使用版本为 Arduino IDE 2.3.3。紧接着，双击下载的软件，会出现"许可证协议"对话框。单击"我同意"按钮，会出现"安装选项"对话框，选择"仅为我安装"选项并单击"下一步"按钮。在出现的"选定安装位置"对话框中，选择合适的目标文件夹以存放安装的软件，如图 10.11 所示。最后单击"安装"按钮，等待几分钟即可完成安装。

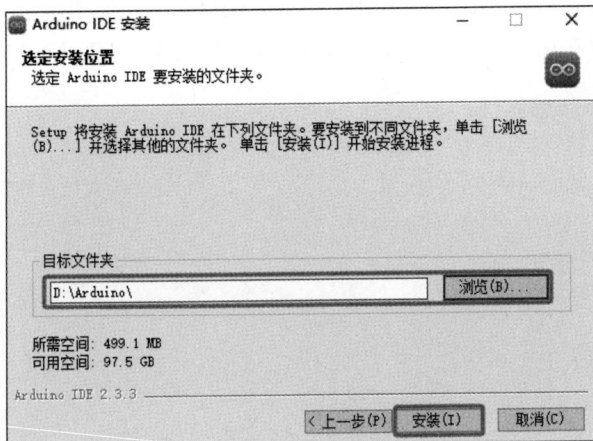

图 10.11　Arduino IDE 安装位置选择

完成 Arduino 软件安装后，需增加对 ESP8266 开发板的支持。首先打开 Arduino 软件，然后选择 File→Preferences 命令，会弹出如图 10.12 所示的 Preferences 对话框。将 http://arduino.esp8266.com/stable/package_esp8266com_index.json 填入 "Additional boards manager URLs："，并单击 OK 按钮。注意，若开发板更新不成功，需更换其他网络并重试。

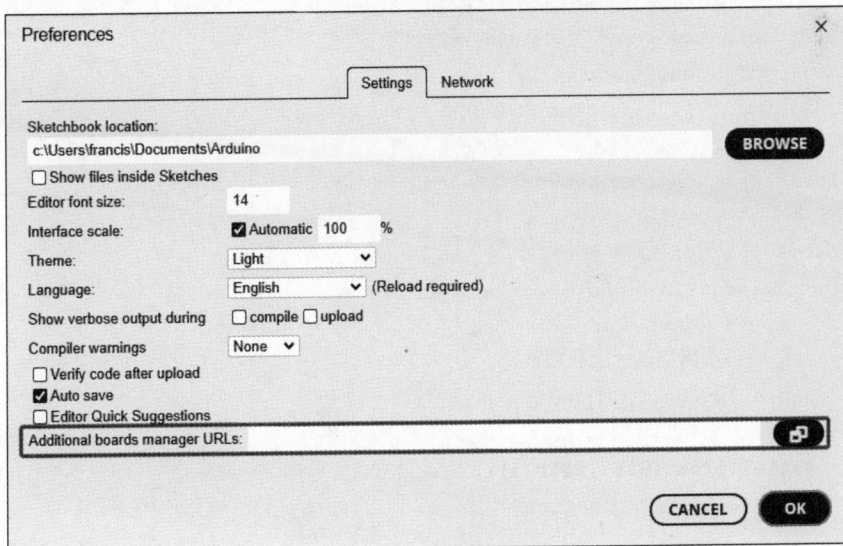

图 10.12　添加开发板 URL

选择 **Tools**→**Board**→**Boards Manager** 命令,打开开发板管理器(Arduino 窗口左侧),在搜索框中输入 esp8266,并在列表中选择 **esp8266 by ESP8266 Community**,单击 NSTALL 按钮。

2. ESP8266 代码烧写

启动 Arduino 软件(自动创建.ino 文件),按下述样例编写代码,并按 Ctrl+S 组合键保存(会出现保存对话框,需自行选择保存位置和文件名)。选择开发板 **Tools**→**Board**→**esp8266**→**Generic ESP8266 Module** 选项,单击☑图标进行代码验证,若代码无误则在 Output 窗口会出现.Code in flash (default, ICACHE_FLASH_ATTR)等提示信息。

```
#include "ESP8266WiFi.h"

const int RSSI_MAX =-50;              //定义最大信号强度(dBm)
const int RSSI_MIN =-100;             //定义最小信号强度(dBm)
const int displayEnc=1;               //1:显示加密,0:不显示加密

void setup() {
  Serial.begin(115200);
  Serial.println("WiFi Signal Scan");
  //将 Wi-Fi 设置为站模式,并断开之前连接的 AP
  WiFi.mode(WIFI_STA);
  WiFi.disconnect();
  delay(1000);
  Serial.println("Setup Done");
}

void loop() {
  Serial.println("WiFi Scan Started");
  //WiFi.scanNetworks 将返回找到的网络数量
  int n = WiFi.scanNetworks();
  Serial.println("WiFi Scan Ended");
  if (n == 0) {
    Serial.println("No Networks Found");
  } else {
    Serial.print(n);
    Serial.println(" Networks Found");
    for (int i = 0; i < n; ++i) {
      //打印每个网络的 SSID 和 RSSI
      Serial.print(i + 1);
      Serial.print(") ");
      Serial.print(WiFi.SSID(i));
      Serial.print("  channel: ");
```

```
        Serial.print(WiFi.channel(i));
        Serial.print("  ");
        Serial.print(WiFi.RSSI(i));
        Serial.print(" dBm (");
        Serial.print(dBmtoPercentage(WiFi.RSSI(i)));
        Serial.print("% )");
        Serial.println("");
        delay(10);
    }
  }
  Serial.println("");
  delay(5000);
  WiFi.scanDelete();
}

int dBmtoPercentage(int dBm) {
  int quality;
  if(dBm <= RSSI_MIN) {
    quality = 0;
  } else if(dBm >= RSSI_MAX) {
    quality = 100;
  } else {
    quality = 2 * (dBm + 100);
  }
  return quality;
}
```

利用 USB 数据线连接 ESP8266 开发板（见图 10.13 右侧中间接口）和计算机 USB 接口，在 Arduino 窗口中选择端口（**Tools→Port**）。串口正常选择后，单击 ➡ 图标烧写代码至开发板。

图 10.13　ESP8266 开发板

代码烧写完成后，按下开发板上的 RST 按钮重启开发板。等待十几秒后，单击 Arduino 窗口右上角的 🔍 图标，会弹出串口监测器，选择波特率与代码中相同（115200），此时会收到如下所示的周围环境中无线路由器的 RSSI 数据。若仅打印特定无线路由器的 RSSI 值，可修改前述代码，根据 SSID 信息（如 10.3.2 节的 **TP-LINK_5D039C**）进行过滤。

```
WiFi Scan Started
WiFi Scan Ended
30 Networks Found
1) nbu-auto channel:1 -85dBm (30% )
2) nbu-wireless channel:1 -90dBm (20% )
3) eduroam channel:1 -84dBm (32% )
...
```

3. 动手测量数据

测量不同距离对 RSSI 的影响：在空旷区域中，测量不同距离时，RSSI 值的变化。实验中，设置距离分别为 1m、2m、4m、8m（读者可根据实际情况自行设置）。从表 10.2 的结果可看出，距离增加使 RSSI 值降低。为了验证 RSSI 值与距离的关系，读者可根据式(10.2)估算距离，并与真实距离进行比较。

表 10.2　不同距离时的 RSSI 值

距离/m	1	2	4	8
RSSI	−26	−35	−43	−60

测量障碍物对 RSSI 的影响：无线路由器与 ESP8266 间的距离为 5m。实验设置了两种不同的障碍物，即封闭房间内外（见图 10.14）和封闭金属外壳（见图 10.15），分别测量 RSSI 值，如表 10.3 所示。从结果可以看出，不同障碍物对于 RSSI 值影响不同，金属外壳影响较大。与前述实验类似，利用公式(10.2)估算距离，并与实际距离作比较，同时检验空旷区域和有障碍物情况下 RSSI 估计距离的准确性。

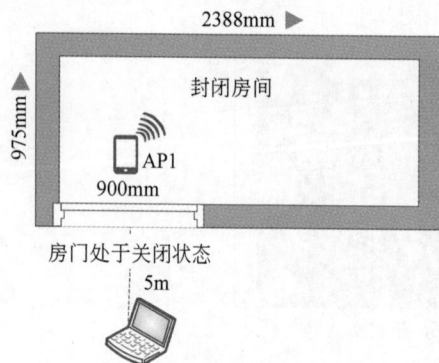

图 10.14　封闭房间场景示意图　　图 10.15　封闭金属外壳场景示意图

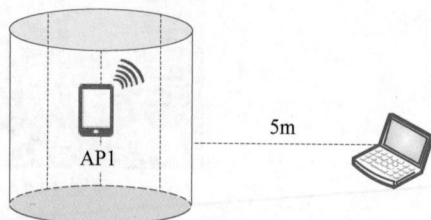

表 10.3　不同障碍物时的 RSSI 值

障　碍　物	封 闭 房 间	封闭金属外壳
RSSI	−60	−70

10.3.4　信道状态信息测量分析

在 Wi-Fi 中,可用 CSI 测量无线网络信道状态,其是描述无线信道特性(如幅度、相位、信号时延)的重要参数。通过分析 CSI 的变化,可推断物理环境变化,实现非接触智能传感。CSI 对环境变化非常敏感,不仅能感知人/动物的行走、奔跑等大动作,还能捕捉呼吸/咀嚼等细微动作。本节实验将利用两块 ESP32-S3 实现 CSI 的采集(也可使用网卡采集,详见附录 B 说明和"无线网络技术教学研究平台"提供的网址,但配置过于复杂),具体使用了 Espressif 官方的案例(网址见附录 B 说明和"无线网络技术教学研究平台",采集硬件的配置如图 10.16 所示),为非接触智能传感提供重要的数据来源。

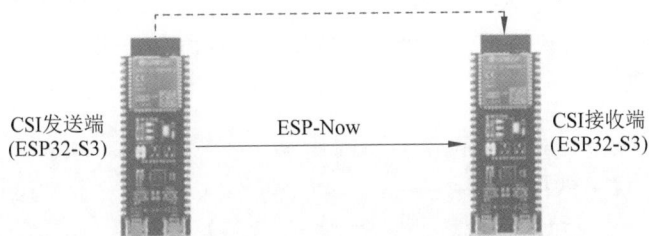

图 10.16　CSI 采集示意图

Espressif CSI 优势:所有 ESP32 系列(ESP32/ESP32-S2/ESP32-C3/ESP32-S3/ESP32-C6)均支持 CSI;Espressif 的 Wi-Fi MCU 提供了丰富的生态资源;ESP32 可提供 RSSI、RF 噪声本底、接收时间和天线的'rx_ctrl'字段等;ESP32 搭载了双核 240MHz CPU,支持 AI 指令集,可运行机器学习和神经网络;通过软件 OTA(Over-The-Air)升级 CSI 新功能。

(1)编译环境安装:本实验使用 ESP-IDF Release v5.0.2(esp-idf v5.0.0 以上的版本支持目标地址过滤,效果更好),在搭载了 Ubuntu 20.4.1 系统的计算机中进行安装,执行命令如下(按 **Ctrl+Alt+T** 组合键打开终端)。

```
git clone -b v5.0.2 --recursive https://github.com/espressif/esp-idf.git esp-idf
cd esp-idf
git checkout v5.0.2
git submodule update --init --recursive
./install.sh
. ./export.sh
```

(2)程序烧写:使用数据线将 ESP32-S3 开发板与计算机相连,执行下述命令烧写发送端的程序。

```
sudo apt install cmake
cd esp-csi/examples/get-started/csi_send
idf.py set-target esp32s3
```

```
#加粗部分需根据实际连接修改,ls /dev 可查看设备
sudo chmod 777 /dev/ttyACM0
idf.py flash -b 921600 -p /dev/ttyACM0
```

完成发送端 ESP32-S3 烧写后,接下来烧写接收端的 ESP32-S3,执行下述命令。

```
cd esp-csi/examples/get-started/csi_recv
idf.py set-target esp32s3
#加粗部分需根据实际连接修改,ls /dev 可查看设备
sudo chmod 777 /dev/ttyACM0
idf.py flash -b 921600 -p /dev/ttyACM0
```

(3) **CSI 实时观测**:执行下述命令(其中,最后一行命令是启动上位机的观测程序以实时输出 CSI 信息)。

```
cd esp-csi/examples/get-started/tools
pip install -r requirements.txt
sudo apt-get install libxcb-xinerama0
#加粗部分需根据实际连接修改,ls /dev 可查看设备
python csi_data_read_parse.py -p /dev/ttyACM1
```

烧写了接收端程序的 ESP32-S3 开发板与计算机连接如图 10.17 所示。

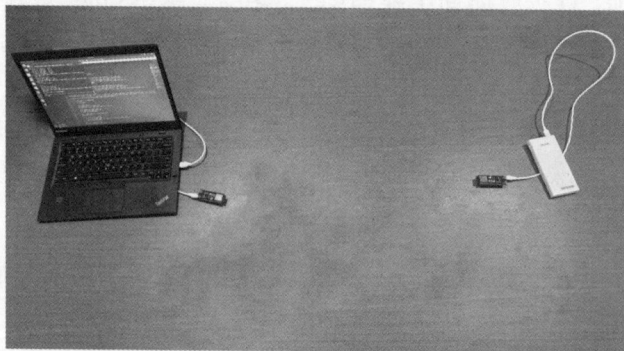

图 10.17　ESP32-S3 开发板与计算机连接

在上述基础上,在不同距离(如 1m、4m)和不同障碍物情况下,对比分析 CSI 变化,如图 10.18 所示为不同距离 CSI。

(4) **CSI GUI 实时观测**:执行下述命令,打开 CSI 实时可视化工具(使用 UART 口而非 USB Serial/JTAG 口),图形化界面相关解释见代码仓库(网址见附录 B 说明和"无线网络技术教学研究平台")。

```
cd esp-csi/examples/esp-radar/console_test/tools
pip install -r requirements.txt
#加粗部分需根据实际连接修改,ls /dev 可查看设备
python esp_csi_tool.py -p /dev/ttyUSB0
```

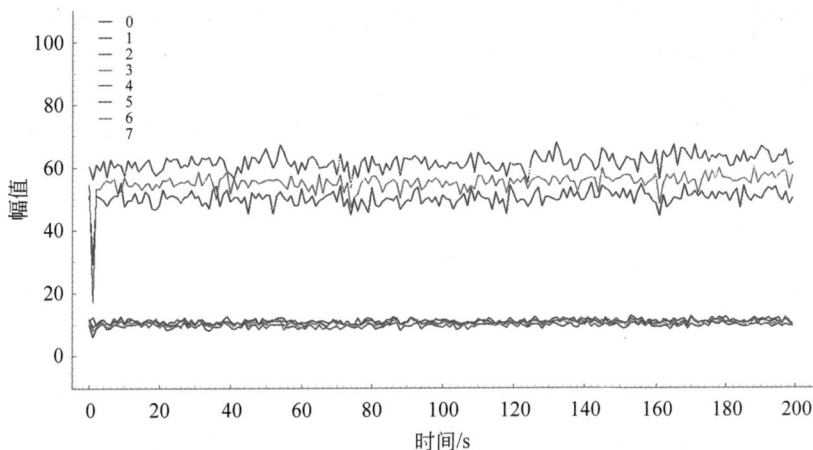

(a) 相距1m时

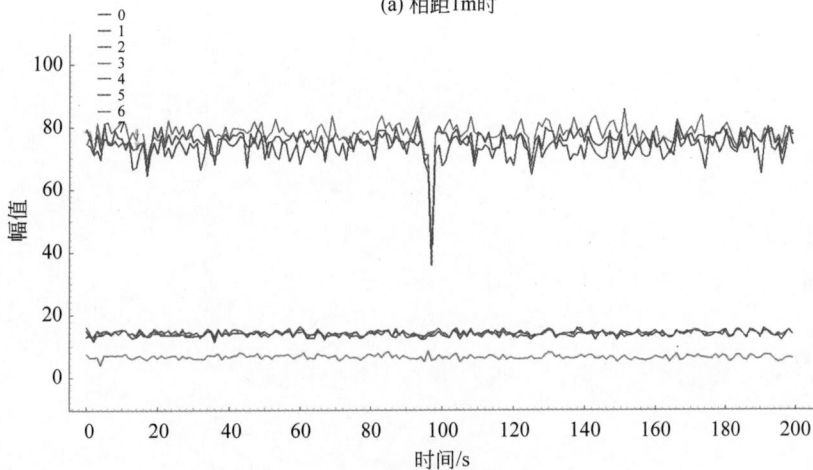

(b) 相距4m时

图 10.18　相距 1m 和 4m 时 CSI 变化

图 10.18
彩图

10.4　扩　展　练　习

　　本章探讨了无线网络 RSSI 和 CSI 的基本原理和影响因素,以及无线路由器配置,同时利用 ESP8266 和 ESP32-S3 采样分析了 RSSI 和 CSI 数据。读者可在以下几方面深入探索:

　　(1) 除距离和障碍物对 RSSI 影响外,可分析户外实际更复杂的场景对 RSSI 的影响。

　　(2) 在采集 CSI 数据基础上,对环境中人的行为、障碍物形状等进行建模。

参 考 文 献

［1］　杨铮. Wi-Fi 雷达：从 RSSI 到 CSI［J］. 中国计算机学会通讯,2014,10(11)：55-60.

［2］　周艳,李海成. 基于 RSSI 无线传感器网络空间定位算法［J］. 通信学报,2009,30(6)：75-79.

［3］　HU J，ZHENG T，CHEN Z，et al. MUSE-Fi：Contactless MUti-person SEnsing Exploiting Near-field Wi-Fi Channel Variation［C］. //Proc. of MobiCom，2023：1-15.

［4］　DENG F，JOVANOV E，SONG H，et al. WiLDAR：WiFi Signal-Based Lightweight Deep Learning Model for Human Activity Recognition［J］. IEEE Internet of Things Journal，2024，11（2）：2899-2908.

第 11 章

chapter 11

无线室内外定位应用实践

本章介绍了无线室内外定位的基本原理和方法,并利用低成本硬件和国产定位模块进行室内外定位实践。读者可进一步扩展,特别是基于国产化硬件,探索更多的定位技术实践。

11.1 预 备 知 识

11.1.1 室内定位概述

室内定位服务是很多技术应用的基础,包括虚拟现实、智能家居、导航等,不同室内定位技术的成本和精度各不相同,如表 11.1 所示。

表 11.1 常见室内定位比较

定 位 方 式	定位精度/m	可 靠 性	成 本	安 全 性
Wi-Fi	1.5	低	低	中
蓝牙	5	中	高	中
ZigBee	3	高	低	高
UWB	0.1	高	中	高

Wi-Fi 室内定位基于 Wi-Fi 信号特点进行定位,包括信号强度、信号传播时间、信号角度等。根据采集信号不同,可分为基于 RSS 和基于 CSI 两类方法。RSS 信息相对粒度较粗,难以实现准确可靠的定位。而粒度更细的 CSI 则可获取更多信息来提高定位精度,如根据 CSI 计算到达角(Angle of Arrival,AoA)、到达时间(Time of Arrival,ToA)等参数,然后通过算法确定目标位置。概括起来,常见的定位方法有以下几种。

(1) 基于 RSSI:测量周围 Wi-Fi 接入点信号强度,并计算设备和热点间距离。利用设备的地理位置和信号强度信息,通过三角测量确定其位置,如图 11.1 所示。

(2) 基于 ToA:测量信号从 Wi-Fi 热点传播到设备所需时间,并根据电磁波速(光速)计算距离。设备和热点间需高精度的时间同步,硬件要求较高。

(3) 基于到达时间差(Time Difference of Arrival,TDoA):利用至少三个 Wi-Fi 热

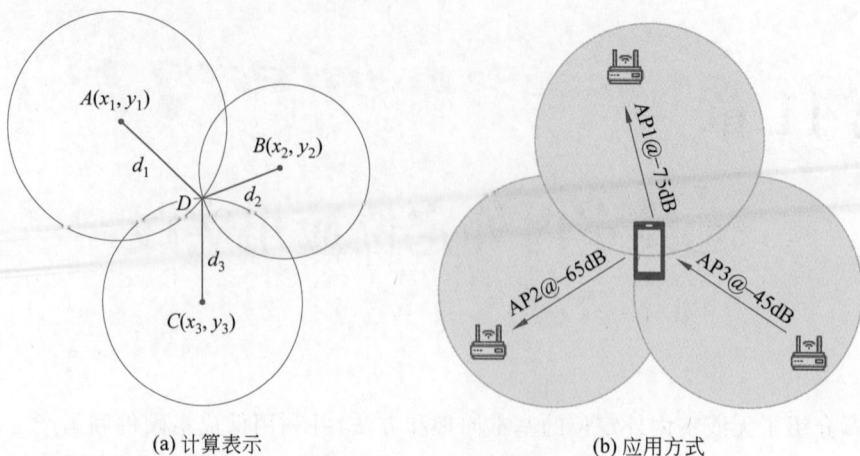

(a) 计算表示　　　　　　(b) 应用方式

图 11.1　三边定位原理图

点测量信号到达设备的时间差,并通过双曲线定位确定其位置。不需严格的时间同步,但需要精确测量热点之间的时间差。

(4) 基于 AoA:通过定向天线阵列测量信号到达的角度,并通过组合两个或多个角度测量值确定设备位置。适用于信号源方向性明显的环境。

(5) 基于 Wi-Fi 指纹识别:在定位空间中建立含 Wi-Fi 信号特征(如 RSSI)的指纹库。定位时需实时测量设备周围的 Wi-Fi 信号特征,在数据库中查找匹配,以确定设备位置。该方法精度高,但需在平时进行大量的数据收集和维护。

关于无线室内定位的更多技术内容可参见《无线网络技术》第 11 章。

11.1.2　三角定位原理

图 11.1 中,A、B、C 三点为已知坐标的 Wi-Fi 热点,AD、CD、BD 三边分别是待定位点到三个 Wi-Fi 信号发射端的距离。以三个 Wi-Fi 信号发射端为圆心,AD、BD、CD 三边为半径画圆,使得这三个圆相交于一点(D),该点坐标即为待定位点的坐标。

为便于解释,此处假设待定位点 D 的坐标为 (x,y),A、B、C 三个已知 Wi-Fi 热点的坐标为 (x_1,y_1)、(x_2,y_2)、(x_3,y_3)。三个已知 Wi-Fi 热点到待定位点的距离为 d_1、d_2、d_3,利用下述方程组即可确定 D 的位置:

$$(x-x_1)^2+(y-y_1)^2=d_1^2$$
$$(x-x_2)^2+(y-y_2)^2=d_2^2$$
$$(x-x_3)^2+(y-y_3)^2=d_3^2 \qquad (11.1)$$

通过求解上述方程组,可得到待定位点 D 的位置:

$$\begin{bmatrix} x \\ y \end{bmatrix}=\begin{bmatrix} 2(x_1-x_3) & 2(y_1-y_3) \\ 2(x_2-x_3) & 2(y_2-y_3) \end{bmatrix}^{-1}\begin{bmatrix} x_1^2-x_3^2+y_1^2-y_3^2+d_3^2-d_1^2 \\ x_2^2-x_3^2+y_2^2-y_3^2+d_3^2-d_2^2 \end{bmatrix} \qquad (11.2)$$

理想条件下,可根据上述方程组确定 D 的位置。但实际定位过程会受外界环境因素干扰,在计算待定位点 D 到三个已知 Wi-Fi 热点的距离过程中,可能会出现三个圆不相交于一点的情况,利用方程组求解的过程中就会无解。

11.1.3　Wi-Fi 指纹定位原理

Wi-Fi 指纹定位原理的核心思想是把不同位置和某种"指纹"联系起来,一个位置对应一个独特指纹。通常 Wi-Fi 指纹定位包含两个阶段:离线阶段和在线阶段。离线阶段,为采集各位置指纹并构建数据库,需对指定区域进行大量测量。在线阶段,系统估计待定位移动设备的位置。对两个阶段的详细解释如下。

(1) 离线阶段:建立位置与指纹的对应关系。假设存在图 11.2 左侧的空间布局,整个区域被分成 4 行 8 列的网格(32 个网格点),同时存在两个固定接入点(Access Point,AP)正常通信使用。在每个网格点采样一段时间来自各个 AP 的平均 RSS,采集时移动设备可能有不同朝向和角度。这里每个网格点上的指纹是一个二维向量 $\boldsymbol{\rho}=[\rho_1,\rho_2]$,其中 ρ_i 是来自第 i 个 AP 的平均 RSS。若有 N 个 AP,则指纹 $\boldsymbol{\rho}$ 是一个 N 维向量。所有网格点坐标及其指纹组成指纹库。

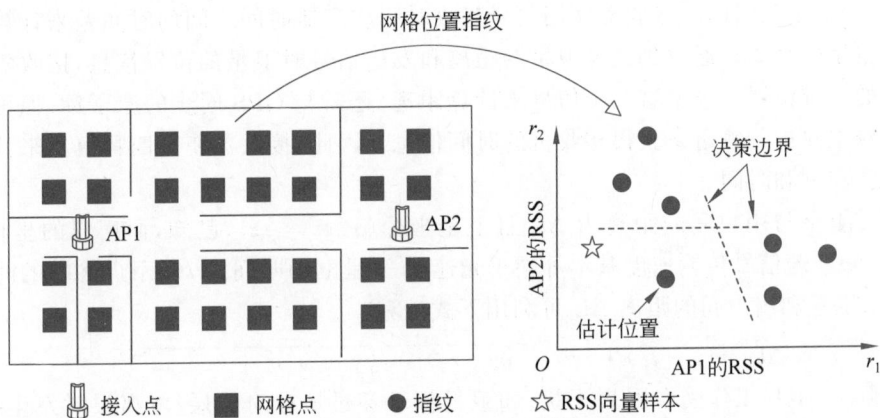

图 11.2　Wi-Fi 指纹采集及 RSS 空间距离

(2) 在线阶段:移动设备处于该区域中,但具体位置未知,未必正好处于网格点上。假设移动设备测量到来自各个 AP 的 RSS(见图 11.2 中仅能测量到两个 AP 的 RSS)且仅测量到一个样本,以图 11.2 为例,其 RSS 向量为 $\boldsymbol{r}=[r_1,r_2]$。若要确定移动设备位置,就需在指纹库中找到和 $\boldsymbol{r}$ 最匹配的指纹 $\boldsymbol{\rho}$。若找到最佳匹配,则认定其为该最佳匹配的指纹所对应的位置。

11.1.4　卫星室外定位原理

截至 2023 年,全球导航卫星系统(Global Navigation Satellite System,GNSS)主要有:美国的全球定位系统(Global Positioning System,GPS)、中国的北斗导航卫星系统(BeiDou Navigation Satellite System,BDS)、欧盟的伽利略导航卫星系统(Galileo Navigation Satellite System,Galileo)和俄罗斯的格洛纳斯导航卫星系统(Global Navigation Satellite System,GLONASS)。其他区域导航卫星系统如日本有准天顶导航卫星系统(Quasi-Zenith Satellite System,QZSS)、印度有 NavIC(原名 IRNSS,全称 Indian Rigional Navigation Satellite System)。具体的全球导航卫星系统如表 11.2 所示。

表 11.2　全球导航卫星系统

系统	BDS	Galileo	GLONASS	GPS	NavIC	QZSS
覆盖	全球	全球	全球	全球	区域	区域
编码	CDMA	CDMA	FDMA/CDMA	CDMA	CDMA	CDMA
高度/km	21 150	23 222	19 130	20 180	36 000	32 600~39 000
周期/h	12.63	14.08	11.26	11.97	23.93	23.93
精度/m	3.6(公开) 0.1(私有)	0.2(公开) 0.01(私有)	2~4	0.3~7(无 DGPS 或 WAAS)	1(公开) 0.1(私有)	1(公开) 0.1(私有)

GNSS 定位原理基于三角测量和卫星信号传输。如 GPS 的基本服务为用户提供大约 7m 精度,接收器通过至少四颗卫星的信号组合来确定位置和时间。GPS 卫星携带原子钟,可提供精确时间。接收器使用信号接收时间和广播时间之间的时间差来计算从接收器到卫星的距离。通过到三颗卫星的距离和发送信号时卫星的位置信息,接收器可计算自己的三维位置。根据这三个信号来计算距离,还需与 GPS 同步的原子钟,但可通过对第四颗卫星进行测量来获得接收机的时间信息。因此,接收器使用四颗卫星来计算纬度、经度、高度和时间。

假设卫星与用户间的距离为 ΔL 且卫星坐标 (x', y', z') 已知,而用户的坐标 (x, y, z) 未知。若信号传输速度基本等同于光速 c,卫星上的时间为 t。用户终端的时间为 t',那么,卫星和用户间的距离 ΔL 可利用下式计算:

$$\Delta L = (t - t') \cdot c = \sqrt{(x - x')^2 + (y - y')^2 + (z - z')^2} \tag{11.3}$$

实际上,卫星工作受多因素干扰,如卫星信号穿过地球对流层/电离层时发生折射、传播到建筑上发生反射,它们综合导致信号传播时间计算存在误差,进而使距离计算错误,该类误差可达几米甚至几十米。

此外,还可能存在系统相关误差,包括星历误差、时钟误差、相对论效应等。为提高定位精度,目前较有效的方法是差分定位,如实时运动学定位,即在不同固定位置建立观测站,同时观测卫星信号,然后通过观测量建立误差的数学模型,再将差分改正数发给定位终端。

11.2　实验环境

本实验需安装 Windows 系统的计算机 1 台、L76K 模块(含 GPS 和北斗等)1 个、ESP8266 4 块、Arduino Mega 2560 1 块、公对母和公对公杜邦线若干、Arduino IDE (v2.3.2)、友善串口调试助手、Python(v3.8)。

11.3　实验步骤

11.3.1　卫星定位

本节实验将使用 L76K 模块和 Arduino Mega 2560 开发板,如图 11.3 所示。开发板与 L76K 模块的引脚连接如图 11.4 所示。L76K 模块支持多卫星系统(如北斗、GPS、GLONASS),可多系统联合定位和单系统独立定位。

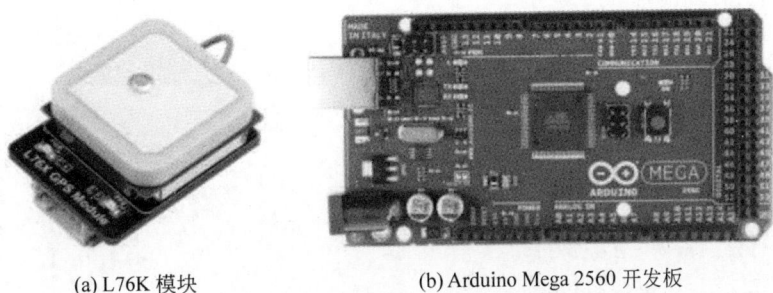

(a) L76K 模块　　　　　　　　(b) Arduino Mega 2560 开发板
图 11.3　卫星定位实验主要硬件

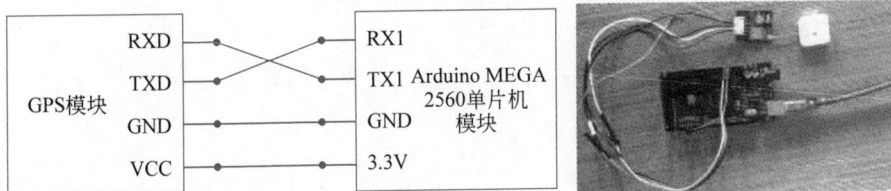

(a) 引脚连接示意图　　　　　　　(b) 实物连接图
图 11.4　卫星定位实验硬件的引脚连接图

按图 11.4 所示,使用杜邦线正确连接引脚,然后按以下步骤开展实验。

(1) 打开 Arduino IDE 并选择菜单栏中的 File→New Sketch 命令创建 Arduino 工程,然后将下述代码输入文件中。正确编辑后,按 Ctrl+S 组合键保存工程,在弹出的对话框中选择保存位置和文件名并保存。注意,以下为核心代码,完整项目代码见本书实验资源。

```
#include <HardwareSerial.h>
#include "DEV_Config.h"
#include "L76X.h"
GNRMC GPS1;
Coordinates B_GPS;
char buff_G[800]={0};
void setup() {
  Serial.begin(9600);
  DEV_Set_Baudrate(9600);
```

```
    DEV_Delay_ms(500);
}

void loop() {
    Serial.print("Solve L76X info");
    GPS1 = L76X_Gat_GNRMC();
    Serial.print("\r\n");
    Serial.print("Time:");
    Serial.print(GPS1.Time_H);
    Serial.print(":");
    Serial.print(GPS1.Time_M);
    Serial.print(":");
    Serial.print(GPS1.Time_S);
    Serial.print("\r\n");
    Serial.print("Lat:");
    Serial.print(GPS1.Lat, 7);
    Serial.print("\nLon:");
    Serial.print(GPS1.Lon, 7);
    Serial.print("\r\n");
    Serial.print("convert gps to baidu coord");
    B_GPS=L76X_Baidu_Coordinates();
    Serial.print("\r\n");
    Serial.print("B_Lat:");
    Serial.print(B_GPS.Lat, 7);
    Serial.print("\nB_Lon:");
    Serial.print(B_GPS.Lon, 7);
    Serial.print("\r\n");
    Serial.print("loop one");
}
```

（2）利用 Arduino Mega 2560 开发板的数据线，将其连接到计算机的 USB 接口，然后在 Arduino IDE 菜单栏中选择 Tools→Board→Arduino AVR Boards→Arduino Mega or Mega 2560 命令确定正确开发板，接着选择正确的端口（在 IDE 菜单栏中选择 Tools→Port 命令）。

（3）单击 ✓ 图标进行代码验证，无误后单击 → 图标将代码烧写至开发板。注意，代码烧写时开发板上不要连接任何模块（包括 L76K 模块），否则会导致烧写失败。

（4）打开串口调试助手，将波特率设置为 9600，同时打开端口（与前面烧写代码的端口相同）。L76K 模块通电后，电源指示灯常亮，此时模块已开始工作。等待约 1min，串口助手输出定位信息，如图 11.5 所示。定位信息为北纬 29.5502777、东经 121.3762207（具体以实际定位为准），转换为百度坐标：纬度 29.9202175，经度 121.6377487，查阅地图可验证定位信息相对精准。读者可自行尝试获取所在地的经纬度，并验证准确度。

注意，上述卫星定位信息为美国国家海洋电子协会（National Marine Electronics

```
[Rx][15:21:52.420] loop onesolve L76X info3
[Rx][15:21:54.659] $GPGSV,2,2,05,199,55,169,29,0*64
[Rx][15:21:54.690] $BDGSV,2,1,06,07,36,189,3562,E,072152.000,A,A*46
[Rx][15:21:54.730] $GNGSA,A,3,28,29,32,194,199,,,,,,3.4,2.1,2.6,1*3C
[Rx][15:21:54.790] $GNGSA,A,3,07,23,28,40,43,59,,,,,,3.4,2.1,2.6,4*37

[Rx][15:21:54.860] $GPGSV,2,1,05,28,53,041,36,29,29,064,33,32,47,141,37,194,73,101,37,0*53
[Rx][15:21:54.930] $GPGSV,2,2,05,199,55,169,29,0*64
[Rx][15:21:54.961] $BDGSV,2,1,06,07,36,190,35,23,46,037,36,28,14,146,34,40,37,173,34,0*76
[Rx][15:21:55.029] $BDGSV,2,2,06,43,19,084,31,59,50,146,41,0*7C
[Rx][15:21:55.100] $GNRMC,072152.000,A,2955.02804,N,12137.62162,E,0.00,104.66,301024,,,A,V*0A
[Rx][15:21:55.160] $GNVTG,104.66,T,,M,0.00,N,0.00,K,A*26
[Rx][15:21:55.200] $GNZDA,072152.000,30,10,2024,00,00*4D
[Rx][15:21:55.230] $GPTXT,01,01,01,ANTENNA OK*35
[Rx][15:21:55.260] $GNGGA,072153.000,2955.02807,N,12137.62155,E,1,11,2.1,48.1,M,12.7,M,,*7F
[Rx][15:21:55.359] $GNGLL,2955.02807,N,12137.62155,E,072153.000,A,A*40
[Rx][15:21:55.399] $GNGSA,A,3,28,29,32,194,199,,,,,,3.4,2.1,2.6,1*3C
[Rx][15:21:55.469] $GNGSA,A,3,07,23,28,40,43,59,,,,,,3.4,2.1,2.6,4*37
[Rx][15:21:55.530] $GPGSV,2,1,05,28,53,041,34,29,29,064,33,32,47,141,37,194,73,101,37,0*51
[Rx][15:21:55.600] $GPGSV,2,2,05,199,55,169,29,0*64
[Rx][15:21:55.630] $BDGSV,2,1,06,07,36,190,35,23,46,037,36,28,14,146,34,40,37,173,35,0*77
[Rx][15:21:55.700] $BDGSV,2,2,06,43,19,084,31,59,50,146,41,0*7C
[Rx][15:21:55.769] $GNRMC,072153.000,A,2955.02807,N,12137.62155,E,0.00,104.66,301024,,,A,V*0C
[Rx][15:21:55.829] $GNVTG,104.66,T,,M,0.00,N,0.00,K,A*26
[Rx][15:21:55.870] $GNZDA,072153.000,30,10,2024,00,00*4C
[Rx][15:21:55.900] $GPTXT,01,01,01,ANTENNA OK*35
[Rx][15:21:55.930] $GNGGA,072154.000,2955.02808,N,12137.62155,E,1,11,2.1,48.1,M,12.7,M,,*77
[Rx][15:21:56.040] $GNGLL,2955.02808,N,12137.62155,E,072154.000,A,A*48
[Rx][15:21:56.070] $GNGSA,A,3,28,29,32,194,199,,,,,,3.4,2.1,2.6,1*3C
[Rx][15:21:56.140] $GNGSA,A,3,07,23,28,40,43,59,,,,,,3.4,2.1,2.6,4*37
[Rx][15:21:56.199] $GPGSV,2,1,05,28,53,041,34,29,29,064,33,32,47,141,37,194,73,101,37,0*51
[Rx][15:21:56.269] $GPGSV,2,2,05,199,55,169,29,0*64
[Rx][15:21:56.300] $BDGSV,2,1,06return GPS------------------------------
[Rx][15:21:56.370] Time:15:21:52
[Rx][15:21:56.370] Lat:29.5502777
[Rx][15:21:56.400] Lon:121.3762207
[Rx][15:21:56.400] convert gps to baidu coord
[Rx][15:21:56.440] B_Lat:29.9202175
[Rx][15:21:56.470] B_Lon:121.6377487
```

图 11.5　卫星定位实验串口助手输出定位信息

Association，NMEA）为海用电子设备制定的 NMEA 0183 标准解析输出。其包括 $GPZDA、$GPRMC、$GPVTG、$GPGNS、$GPGGA、$GPGSA、$GPGSV * 3、$GPGLL、$GPGST 9 种协议帧，$ 后的两个字符表示国家或地区的 GNSS，如 BDGGA 代表中国北斗、GPGGA 代表美国 GPS、GLGGA 代表俄罗斯 GLONASS、GNGGA 代表多星联合定位。以 $GPRMC 为例简述协议帧各部分信息，其他可查阅 NMEA 0183 手册（详见附录 B 说明和"无线网络技术教学研究平台"提供的网址）。

字段含义：$GPRMC,＜1＞,＜2＞,＜3＞,＜4＞,＜5＞,＜6＞,＜7＞,＜8＞,＜9＞,＜10＞,＜11＞,＜12＞ * hh＜CR＞ ＜LF＞。其中，＜1＞为 UTC 时间（格式：hhmmss.sss/时分秒）、＜2＞为定位状态（A 有效定位/V 无效定位）、＜3＞为纬度（格式：ddmm.mmmm/度分秒）、＜4＞为纬度半球（北半球 N/南半球 S）、＜5＞为经度（格式：dddmm.mmmm/度分秒）、＜6＞为经度半球（E 东经/W 西经）、＜7＞为地面速率（000.0～999.9 节）、＜8＞为地面航向（000.0～359.9 度）、＜9＞为 UTC 日期（格式：ddmmyy/日月年）、＜10＞为磁偏角（000.0～180.0 度）、＜11＞为磁偏角方向（E 东/W 西）、＜12＞为模式指示（A 自主定位/D 差分/E 估算/N 数据无效）、* hh 为最后校验码。以图 11.5 的输出（$GNRMC，072152.000，A，2955.02804，N，12137.62162，E，0.00，104.66，301024，，，A，V * 0A）为例，072152.000 表示 UTC 时间，A 表示有效定位，2955.02804 表示纬度，N 即北半球，12137.62162 表示经度，E 即东经，0.00 表示地面速率，104.66 表

示地面航向,301024 表示 UTC 日期,A 表示自主定位,V＊0A 用于校验。

11.3.2　Wi-Fi 室内定位

本实验将建立如图 11.6 所示的实验场景。由 3 块 ESP8266 开发板作为固定 AP 节点,1 块 ESP8266 开发板作为待测移动节点。

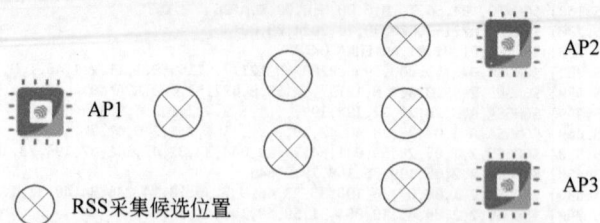

图 11.6
彩图

图 11.6　Wi-Fi 室内定位实验场景示意图

实验步骤:设置 3 块 ESP8266 开发板为 AP 模式;采集 RSSI 和距离的数据并拟合关系曲线;基于 RSSI 定位。详细步骤阐述如下。

(1) **AP 模式设置**:对于 AP 节点,需将 ESP8266 设置为 AP 模式,具体代码如下。

```
#include <ESP8266WiFi.h>
const char * ssid = "AP1";
const char * password = "12345678";
void setup() {
  Serial.begin(9600);
  WiFi.softAP(ssid, password);
  Serial.print("Access Point: ");
  Serial.println(ssid);
  Serial.print("IP address: ");
  Serial.println(WiFi.softAPIP());
}
void loop() {
}
```

在上述代码中,WiFi.softAP 函数是将 ESP8266 设置为 AP 模式的关键,加粗部分内容可根据实际进行修改。ESP8266 的代码烧写过程同第 10 章。

(2) 拟合距离与 **RSSI** 关系曲线:RSSI 和距离的关系详见式(10.2)。由于 RSSI 受环境影响较大,致使公式中的 A 和 n 取值不同,为满足实验环境中 RSSI 到距离的准确映射,需确定 A 和 n 的取值,具体步骤如下。

① 在 ESP8266 充当的移动节点中烧写如下代码,烧写过程见第 10 章。若要同时扫描多个无线路由器信号,可参考 10.3.3 节的代码实现。

```
#include "ESP8266WiFi.h"
```

```
const int RSSI_MAX = -50;                    //定义最大信号强度(dBm)
const int RSSI_MIN = -100;                   //定义最小信号强度(dBm)
const int displayEnc = 1;                    //1:显示加密,0:不显示加密
const char* targetSSID = "AP1";              //指定要监控的 Wi-Fi 网络名称

void setup() {
  Serial.begin(115200);
  Serial.println("WiFi Signal Scan");
  //将 Wi-Fi 设置为站模式,并断开之前连接的 AP
  WiFi.mode(WIFI_STA);
  WiFi.disconnect();
  delay(1000);
  Serial.println("Setup Done");
}


void loop() {
  Serial.println("WiFi Scan Started");
  //WiFi.scanNetworks 将返回找到的网络数量
  int n = WiFi.scanNetworks();
  Serial.println("WiFi Scan Ended");
  if (n == 0) {
    Serial.println("No Networks Found");
  } else {
    Serial.print(n);
    Serial.println(" Networks Found");
    for (int i = 0; i < n; ++i) {
      //检查是否是指定的 SSID
      if (WiFi.SSID(i) == targetSSID) {
        //打印指定网络的 SSID 和 RSSI
        Serial.print("Found target network: ");
        Serial.print(WiFi.SSID(i));
        Serial.print("  channel: ");
        Serial.print(WiFi.channel(i));
        Serial.print("  RSSI: ");
        Serial.print(WiFi.RSSI(i));
        Serial.print(" dBm (");
        Serial.print(dBmtoPercentage(WiFi.RSSI(i)));
        Serial.print("% )");
        Serial.println("");
      }
      delay(5);
    }
  }
```

```
  Serial.println("");
  delay(5000);
  WiFi.scanDelete();
}

int dBmtoPercentage(int dBm) {
  int quality;
  if (dBm <= RSSI_MIN) {
    quality = 0;
  } else if (dBm >= RSSI_MAX) {
    quality = 100;
  } else {
    quality = 2 * (dBm + 100);
  }
  return quality;
}
```

② 将设置了 AP 模式的三块 ESP8266 开发板(电池或电源供电)按图 11.6 所示部署,同时将代表移动节点的开发板连接计算机 USB(利用串口收集数据),并按图中红色点位置测量 RSSI(15s 数据)。由于红色点与 AP 点间距离是确定的,因此可根据采集的 RSSI 和距离数据拟合曲线,以确定 A 和 n。

③ 模型拟合:编写如下的 Python 代码。其中,**rssi_data** 为②中测得的 RSSI,**distance_data** 为对应的距离值,两者逐一对应。在实际实验中,需读者自行替换该数据。此外,为验证模型有效性,添加了测试代码,需读者自行更换 **new_distance_data** 进行测试。

```
import numpy as np
import matplotlib.pyplot as plt
from scipy.optimize import curve_fit
plt.rcParams['font.sans-serif'] = ['SimHei']
plt.rcParams['axes.unicode_minus'] = False


rssi_data = np.array([-69, -69, -70, -71, -67, -72, -70, -71, -69, -70, -70,
                      -72, -71, -69, -71, -69, -71, -71, -71, -72, -71,
                      -73, -75, -73, -73, -74, -73, -74, -73,
                      -86, -83, -85, -92, -85, -87, -86, -83, -85, -85, -87,
                      -86, -85, -85, -85])
distance_data = np.array([1.6, 1.6, 1.6, 1.6, 1.6, 1.6, 1.6, 1.6, 1.6, 1.6, 1.6,
                      3.2, 3.2, 3.2, 3.2, 3.2, 3.2, 3.2, 3.2, 3.2, 3.2,
                      7.2, 7.2, 7.2, 7.2, 7.2, 7.2, 7.2, 7.2,
                      12, 12, 12, 12, 12, 12, 12, 12, 12, 12, 12, 12, 12, 12, 12])

#定义路径损耗模型
```

```
def rssi_model(d, A, n):
    return A - 10 * n * np.log10(d)
#拟合模型
params, covariance = curve_fit(rssi_model, distance_data, rssi_data)
#提取拟合参数
A, n = params
#打印拟合参数和公式
print(f'拟合的 A: {A:.2f}, 拟合的 n: {n:.2f}')
print(f'拟合的路径损耗模型公式: RSSI = {A:.2f} - 10 * {n:.2f} * log10(d)')
#生成拟合数据
distance_fit = np.linspace(1, 15, 100)
rssi_fit = rssi_model(distance_fit, A, n)
#模拟测试:生成一些新距离数据,并使用拟合模型预测 RSSI
new_distance_data = np.array([2, 4, 6, 8, 10, 14])   #新的距离测试点
predicted_rssi = rssi_model(new_distance_data, A, n)
#打印新数据的预测结果
for d, rssi in zip(new_distance_data, predicted_rssi):
    print(f'距离 {d:.2f} 米时预测的 RSSI: {rssi:.2f} dBm')
#绘制结果
plt.scatter(distance_data, rssi_data, label='实际数据', color='blue')
plt.plot(distance_fit, rssi_fit, label='拟合曲线', color='red')
plt.scatter(new_distance_data, predicted_rssi, label='预测数据', color=
'green', marker='x')
plt.title('RSSI 与距离的关系')
plt.xlabel('距离/米')
plt.ylabel('RSSI/dBm')
plt.legend()
plt.grid()
plt.show()
```

图 11.7 为本实验根据测量数据所拟合的曲线。

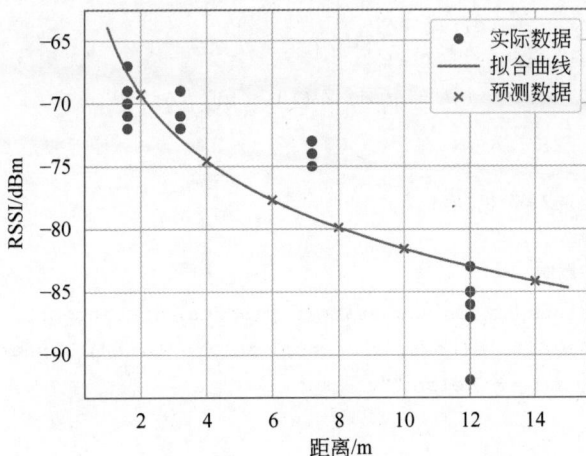

图 11.7　Wi-Fi 室内定位距离与 RSSI 关系曲线

（3）基于 RSSI 定位：本实验的 Wi-Fi 室内定位采用了三角（边）定位算法，代码如下。

```python
import numpy as np
import matplotlib.pyplot as plt

#设置中文字体
plt.rcParams['font.sans-serif'] = ['SimHei']        #设置中文字体为黑体
plt.rcParams['axes.unicode_minus'] = False          #正常显示负号

#定义每个节点的路径损耗模型参数 (A, n)
node_parameters = {
    0: {'A': -63.96, 'n': 1.76},                    #节点1参数
    1: {'A': -63.96, 'n': 1.76},                    #节点2参数
    2: {'A': -63.96, 'n': 1.76}                     #节点3参数
}

#定义目标点坐标
target = np.array([3, 3])

#ESP8266节点的坐标 (x, y)
nodes = np.array([
    [0, 0],                                         #节点1坐标
    [0, 4],                                         #节点2坐标
    [12, 4]                                         #节点3坐标 (形成等边三角形)
])

rssi_values = np.array([-75, -75, -82])             #节点1~节点3的 RSSI 值

#根据 RSSI 值计算距离
distances = np.zeros(len(rssi_values))
for i, rssi in enumerate(rssi_values):
    A = node_parameters[i]['A']
    n = node_parameters[i]['n']
    distances[i] = 10**((A - rssi) / (10 * n))

#绘制图形
plt.figure(figsize=(8, 8))

#绘制节点及其距离圆
for i, (node, distance) in enumerate(zip(nodes, distances)):
    circle = plt.Circle(node, distance, color='blue', alpha=0.3, label=f'节点{i+1}距离圆' if i == 0 else "")
```

```
    plt.gca().add_artist(circle)
    plt.plot(node[0], node[1], 'ro')                    #节点位置

#绘制目标点
plt.plot(target[0], target[1], 'go', label='目标点')
plt.text(target[0], target[1], '目标', fontsize=12, ha='center', va='bottom',
color='green')

#绘制节点标签
for i, node in enumerate(nodes):
    plt.text(node[0], node[1], f'节点{i+1}', fontsize=12, ha='center',
va='bottom')

#设置图形范围和标题
plt.xlim(-5, 25)
plt.ylim(-5, 25)
plt.title('ESP8266节点的RSSI距离圆')
plt.xlabel('X坐标/米')
plt.ylabel('Y坐标/米')
plt.gca().set_aspect('equal', adjustable='box')
plt.grid()
plt.legend()
plt.show()
```

在上述代码中，node_parameters 需读者自行更换为上一步中拟合模型得到的参数。target 也需读者替换为实际实验中的移动终端位置，nodes 则修改为三个锚点（AP 模式的 ESP8266 开发板）的坐标，rssi_values 是 target 位置的 RSSI，也需读者测量后替换。定位效果如图 11.8 所示，图中三圆交汇处即定位结果。

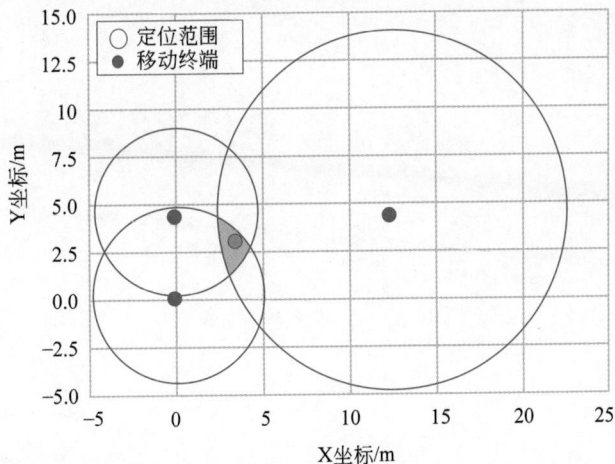

图 11.8　室内定位结果可视化（三圆交汇阴影部分为定位结果）

11.4　扩　展　练　习

本章实验探讨了卫星定位和室内 Wi-Fi 定位,并使用低成本硬件和定位模块实践测试了实际的定位效果。在本章实验基础上,读者可进行如下扩展:

(1) 扩展北斗、GPS 等卫星定位系统在实际中的应用,探索不同应用环境的定位精度变化。

(2) 除了三角(边)定位外,探索实现 Wi-Fi 指纹定位。

参　考　文　献

[1]　孙伟,段顺利,闫慧芳,等.基于卡尔曼平滑的 AWKNN 室内定位方法[J].电子科技大学学报,2018,47(6):829-833.

[2]　靳超,邱冬炜.基于 WiFi 信号室内定位技术的研究[J].测绘通报,2017(5):21-25.

[3]　韩雨彤,李航,朱光旭,等.基于 WiFi 的室内目标检测与定位方法[J].中兴通讯技术,2022,28(5):46-52.

第 12 章

无线短距离数据传输实践

本章主要介绍无线短距离通信的常见技术,如射频识别、近场通信、蓝牙和星闪,同时利用低成本硬件验证了不同短距离通信技术的数据传输。

12.1 预 备 知 识

无线短距离通信是物联网的主要分支技术,可参见《无线网络技术》第 9 章。

12.1.1 射频识别

射频识别(Radio Frequency Identification,RFID)指通过电磁波以无线或非接触方式,在 RFID 标签和阅读器之间传输数字 ID 和其他数据,如图 12.1 所示。RFID 系统包含三部分:标签、阅读器和中间件。RFID 能穿透雪、雾、冰、涂料、尘垢和条形码难以适用的恶劣环境阅读标签,且阅读速度极快,大多数情况下不到 100ms。

图 12.1 RFID 阅读标签数据示意图

RFID 标签形状/大小多样,包含无源和有源两类,无源类标签应用广泛。RFID 射频范围包括三种:低频、高频和超高频。不同频段的 RFID 有不同特点,衍生出了不同产品并应用于各个场景,如表 12.1 所示。其中,超高频射频识别技术能够在设备距离较远的前提下,通过电容耦合方式,实现识别目标与数据交换的目的。

表 12.1 RFID 频段及其应用

耦 合 方 式	频 率	应 用	读 取 范 围
低频 感应耦合	125~145kHz	动物识别、工业生产、车辆防盗系统、访问控制	几厘米到 1 米

续表

耦合方式	频　率	应　用	读取范围
高频 感应耦合	13.56MHz	资产跟踪、项目级跟踪、图书馆管理、药品管理	几厘米到 1.7 米
超高频 后向散射耦合	890~960MHz	托盘标识、盒子标识、工业生产控制	无源最大 6 米， 有源最大 100 米

12.1.2　近场通信

近场通信(Near Field Communication,NFC)由非接触 RFID 发展而来,用于距离小于 10cm 的设备间通信。NFC 支持三种不同工作模式:卡模式、点对点模式和阅读器模式。射频频率为 13.56MHz,射频兼容 ISO 14443、ISO 15693 等多个标准,数据速率分为 106Kb/s、212Kb/s 等。

相比蓝牙、Wi-Fi 等,NFC 为短距离通信,设备彼此靠近,可提供固有的安全性,连接速度快,功耗更低,支持无电读取。NFC 设备之间能迅速建立连接,无须手动配置,在可信身份验证框架内,NFC 为设备间信息交换、数据共享提供安全。

12.1.3　蓝牙

蓝牙是一种基于低成本的近距离无线连接,为固定和移动设备建立数据通信环境的技术。蓝牙核心优势在于其主从关系模式与跳频技术的结合。主从架构使单个主设备可最多与同一微微网(蓝牙临时性网络)中 7 个从设备通信,所有设备共享主设备时钟。

蓝牙技术最初由爱立信于 1994 年提出,2024 年蓝牙 5.4 版本发布。目前蓝牙标准由蓝牙技术联盟(成员分布于电信、网络与消费电子产品等领域)负责维护,使用 2.400~2.485GHz 的 ISM 频段,目前逐渐采用双模式:经典蓝牙和低功耗蓝牙(Bluetooth Low Eneray,BLE)。蓝牙协议主要组成如表 12.2 所示。

表 12.2　蓝牙协议主要组成

协　议	说　明
基带协议	负责建立微微网内各蓝牙设备间的物理收发链路
链路管理协议	建立和控制设备间链路,控制和协商基带分组大小
逻辑链路控制与适配协议	支持高层协议复用、分组的分段重组、服务质量
服务发现协议	可查询设备信息、业务类型和业务特征

12.1.4　星闪

星闪(SparkLink,SL)是新一代无线短距离通信技术,支持智能汽车、智能家居、智能终端和智能制造等场景。2020 年,由华为牵头组织、会员超过 320 家企业的星闪联盟 SparkLink 正式成立,2023 年正式发布星闪。

从通信架构上看(见图12.2)，星闪接入层根据实现功能不同分为管理节点(G节点，为覆盖下的T节点提供连接管理、资源分配、信息安全等接入层服务)和终端节点(T节点)。考虑到业务场景对无线短距离通信存在差异化传输需求，目前星闪接入层为星闪上层提供SLB(SL Basic)和SLE(SL-LowEnergy)两种接口。SLB采用超短帧、多点同步、双向认证、快速干扰协调、双向认证加密、跨层调度优化等技术，支持有超低时延、高可靠、精同步、高并发和高安全等传输需求的业务场景。SLE采用Polar信道编码以提升传输可靠性，减少重传以降低功耗，支持最大4MHz传输带宽、最大8PSK调制、一对多可靠组播、4kHz短时延交互、安全配对、隐私保护等特性，充分考虑节能。SLB和SLE面向不同业务，提供不同传输服务，两者互补且根据需求持续平滑演进。

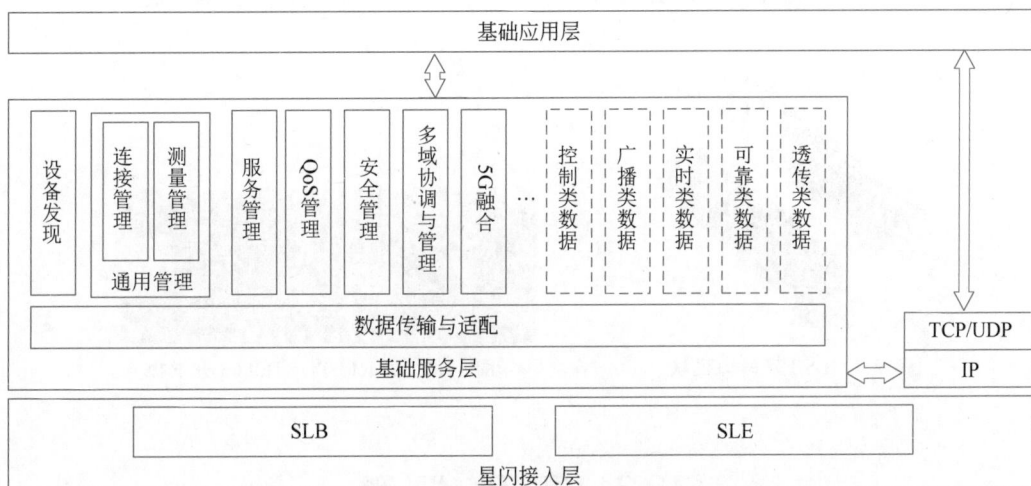

图12.2　星闪无线通信系统架构

12.2　实验环境

本实验所需主要硬件为计算机1台、Arduino Mega 2560开发板1块、PN532模块1个、NFC卡1个、RC522模块1个、RFID卡1张、BT05蓝牙模块2个、USB转串口模块1个、BearPi-Pico H3863开发板2块，分别如图12.3~图12.8所示。主要软件为BurnTool_H3863代码烧写工具、友善串口调试助手等。

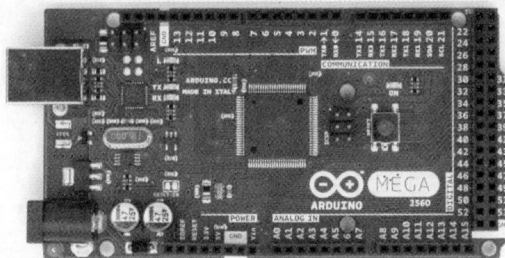

图12.3　Arduino Mega 2560开发板

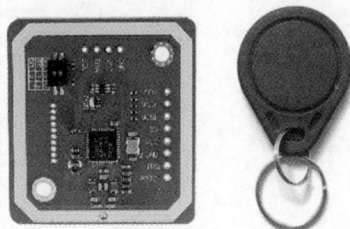

图12.4　PN532模块与NFC卡

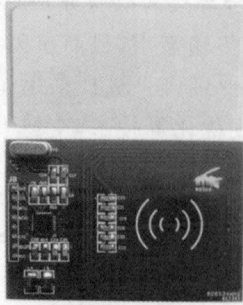

图 12.5　RC522 模块与 RFID 卡

图 12.6　BT05 蓝牙模块图

图 12.7　USB 转串口模块

图 12.8　BearPi-Pico H3863 开发板

12.3　实验步骤

本章主要包含三部分实验: RFID 卡读取与蓝牙传输、NFC 卡读取和星闪 SLE 透传 (透明传输)。接下来将逐一讲解实验过程。

12.3.1　RFID 卡读取与蓝牙传输

在本实验中,蓝牙、RFID 阅读器和 Arduino Mega 开发板间的引脚连接如图 12.9 所示,正确连接的实物如图 12.10 所示。

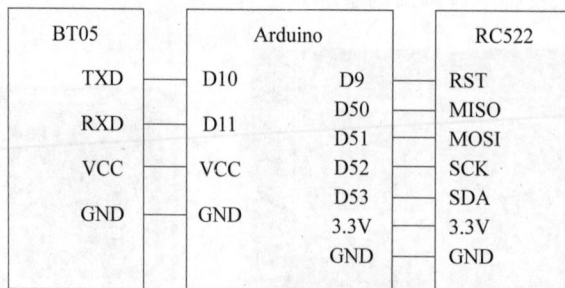

BT05	Arduino		RC522
TXD	D10	D9	RST
RXD	D11	D50	MISO
VCC	VCC	D51	MOSI
GND	GND	D52	SCK
		D53	SDA
		3.3V	3.3V
		GND	GND

图 12.9　引脚连接示意图

图 12.10　连接实物图

在完成硬件连接后(烧写代码时需临时移除),按以下步骤进行实验。需注意,代码烧写仅跟 Arduino Mega 开发板有关,由开发板控制 RFID 阅读器读取数据并通过蓝牙传输。

(1) 打开 Arduino IDE 软件,并在菜单栏中选择 Tools→Manage Libraries 命令,会出现如图 12.11 所示的窗口。在窗口左上搜索框中输入 MFRC522,安装自动弹出的第一个软件库(见图 12.11 的②处)。

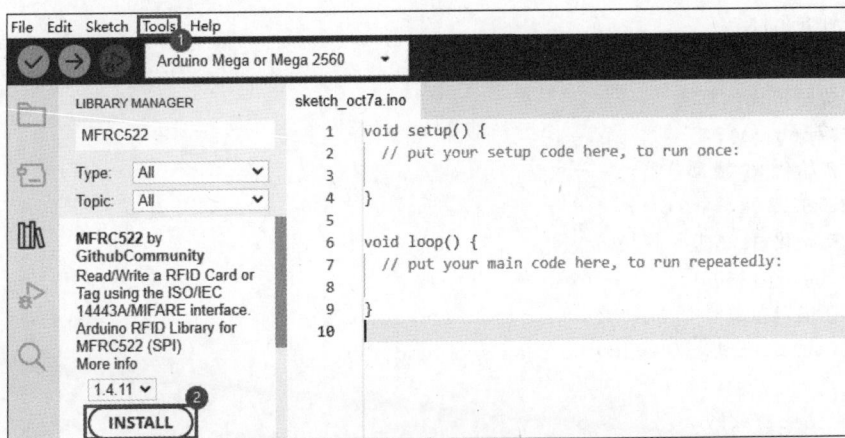

图 12.11　Arduino IDE 安装 MFRC522 库

(2) 新建 Arduino 项目(在菜单栏中选择 File→New Sketch 命令),同时选择目标开发板为 Arduino Mega 2560(在工具栏下拉列表框中搜索并选中 Arduino Mega or Mega 2560)。

(3) 使用 USB A 型转 B 型线连接 Arduino Mega 开发板与计算机,同时将下述代码输入(2)中新建的项目代码文件中,按 Ctrl+S 组合键保存(自行选择保存文件名和路径)。单击 ✓ 图标进行代码验证,若代码无误则单击 → 图标烧写代码至 Arduino Mega 开发板。注意,烧写之前,Arduino IDE 需选择正确端口(在菜单中选择 Tools→Port 命令)以保证能正确烧写。此外,烧写程序时 Arduino Mega 不要连接任何模块,否则可能导致烧写失败。

```
#include <SoftwareSerial.h>
#include <MFRC522.h>
```

```
//设置 Arduino 软件串口,10-RX,11-TX
const int BT_RX = 10;
const int BT_TX = 11;
//Pin10 为 RX,接 HC05 的 TXD
//Pin11 为 TX,接 HC05 的 RXD
SoftwareSerial BT(BT_RX, BT_TX);
char val;
//定义 RFID 阅读器的 SDA 和 SCK 引脚连接到 Arduino Mega 2560 引脚的编号
#define SDA_PIN 53
#define SCK_PIN 52
//定义 RFID 阅读器的 MOSI、MISO 和 RST 引脚连接到 Arduino Mega 2560 引脚的编号
#define MOSI_PIN 51
#define MISO_PIN 50
#define RST_PIN 9
//创建 MFRC522 对象
MFRC522 mfrc522(SDA_PIN, RST_PIN);
void setup() {
    //打开串口
    Serial.begin(9600);
    //初始化 SPI 总线
    SPI.begin();
    //初始化 RFID 阅读器
    mfrc522.PCD_Init();
    //初始化 BT05 蓝牙模块
    BT.begin(9600);
    //在串口监视器中显示"Ready to read and send!"
    Serial.println("Ready to read and send!");
}
void loop() {
    //将 PC 发来的数据存在 val 内,并发送给 HC-05 模块
    if (Serial.available()) {
        val = Serial.read();
        BT.print(val);
    }
    //将 HC-05 模块发来的数据存在 val 内,并发送给 PC
    if (BT.available()) {
        val = BT.read();
        Serial.print(val);
    }
    //如果检测到新卡
    if (mfrc522.PICC_IsNewCardPresent() && mfrc522.PICC_ReadCardSerial()) {
        Serial.print("\tPICC type: ");
        //通过 BT05 蓝牙模块发送卡号
```

```
    sendCardUID();
    //停止阅读器和卡之间的通信
    mfrc522.PICC_HaltA();
    //停止加密
    mfrc522.PCD_StopCrypto1();
  }
}
//发送卡号的函数
void sendCardUID() {
  //获取卡类型
  MFRC522::PICC_Type piccType = mfrc522.PICC_GetType(mfrc522.uid.sak);
  //在串口监视器中显示卡号
  Serial.print("Card UID:");
  //遍历卡号
  for (byte i = 0; i < mfrc522.uid.size; i++) {
    //格式化输出
    Serial.print(mfrc522.uid.uidByte[i] < 0x10 ?" 0" : " ");
    Serial.print(mfrc522.uid.uidByte[i], HEX);
    //发送卡号到 BT05 蓝牙模块
    BT.print(mfrc522.uid.uidByte[i], HEX);
  }
  //在串口监视器中显示卡类型
  Serial.print("\tPICC type: ");
  Serial.println(mfrc522.PICC_GetTypeName(piccType));
  //发送卡类型到 BT05 蓝牙模块
  //BT.println(mfrc522.PICC_GetTypeName(piccType));
}
```

（4）完成上述代码烧写且硬件按图 12.10 所示连接。接下来，将 RFID 卡接近 RC522 模块，读取卡的 ID（Arduino IDE 串口输出，如 6A338F6A）并记录于名称为 **name.txt** 的文件中，如表 12.3 所示。

表 12.3　卡 ID 与个人信息的对应关系

姓　　名	学　　号	卡　　号
张三	2111082397	6A338F6A
李四	2111082398	13CC5794
王五	2111082399	7032541C
钱六	2111082400	E0644319

（5）连接蓝牙模块和 USB 转串口模块，并通过 USB 连接至计算机。打开 **rfid_pcWinForm_SerialPort.exe** 程序，单击"扫描可用端口"按钮，然后选择正确的端口，将波特率设置为 9600，发送、接收模式选择"字符"单选按钮。单击"打开端口"按钮，勾选"发

送新行"复选框。在下侧输入框中输入 AT 并单击"发送"按钮,若返回 OK 则表示连接正常,如图 12.12(a)所示。设置蓝牙模块为从透传模式,输入 AT＋ROLE0 并发送,如图 12.12(b)所示。

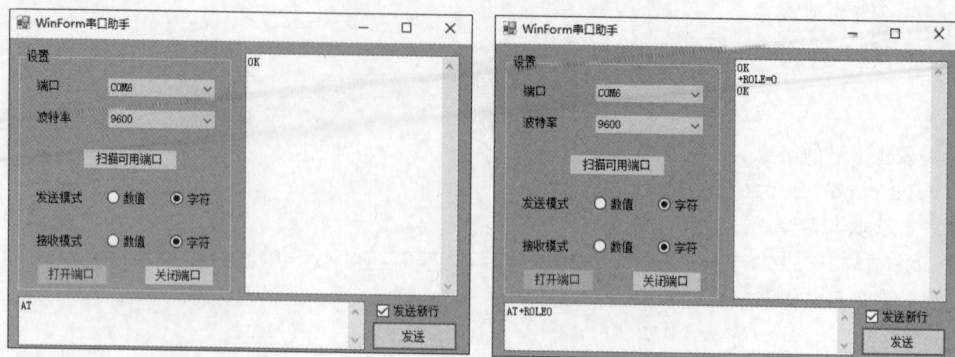

(a) 蓝牙配置程序初始化　　　　　　　　　(b) 设置蓝牙模块为从透传模式

图 12.12　蓝牙模块设置

（6）利用 Arduino IDE 串口对发送端蓝牙模块进行设置,在图 12.13 中选择"**换行和回车 两者都是**"。输入 AT＋ROLE1 并发送,设置主透传模式。输入 AT＋INQ 并发送,搜索蓝牙设备(可能会遇到搜索不到的情况,可以多发送几次)。输入 AT＋CONN1 并发送,连接蓝牙设备,返回＋Connected 则蓝牙配对成功。

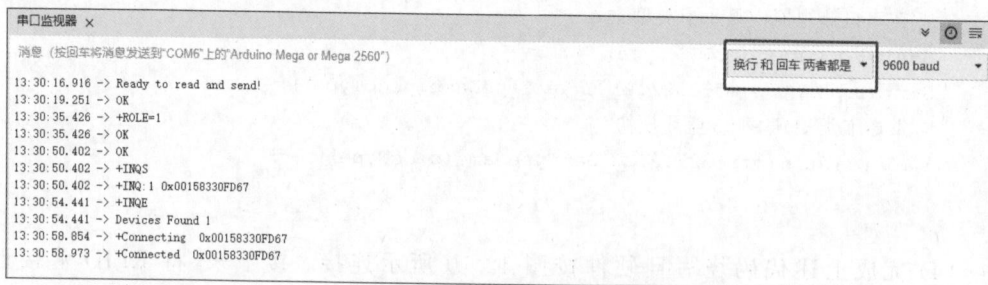

图 12.13　蓝牙主透传模式设置

（7）测试传输是否正常,使用卡片刷卡,计算机上位机程序会显示卡片对应的人员信息,并进行记录,如图 12.14 所示。

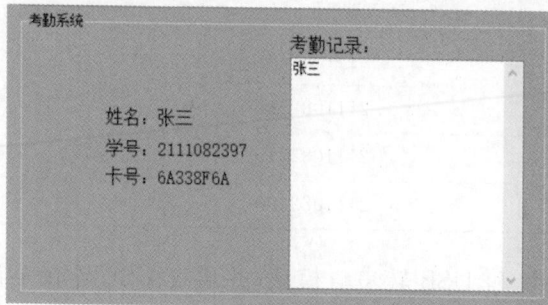

图 12.14　RFID 卡读取实验验证

12.3.2　NFC 卡读取

在 NFC 实验中,仅讨论读取 NFC 卡数据的过程,若需结合蓝牙可参考 12.3.1 节内容自行实现。具体过程如下。

(1) 将 PN532 模块(NFC 阅读器)串口引脚和 USB 转串口模块对应引脚相连接,再将 USB 转串口模块插入计算机 USB 接口。注意,串口引脚标志在 PN532 模块反面。连接方式如图 12.15 所示。

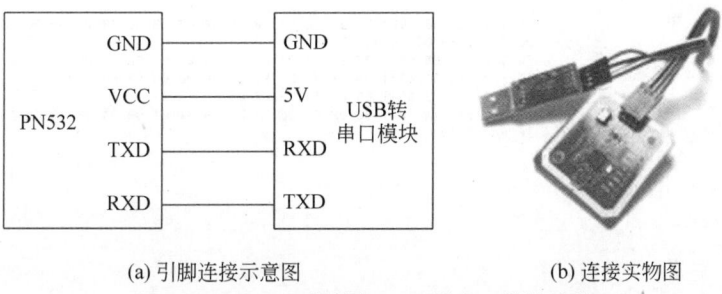

(a) 引脚连接示意图　　　　　　　　　　(b) 连接实物图

图 12.15　PN532 模块与 USB 转串口模块连接

(2) 打开串口助手工具,勾选"HEX 显示""加时间戳和分包显示""HEX 发送"三个复选框,并把波特率设为 115200,选择端口号并单击"打开串口"按钮。

(3) 向 NFC 模块发送 55 55 00 00 00 00 00 00 00 00 00 00 00 00 00 ff 03 fd d4 14 01 17 00 指令以激活 PN532 模块,串口软件会收到 PN532 模块的反馈信息(00 00 FF 00 FF 00 00 00 FF 02 FE D5 15 16 00),如图 12.16 所示。

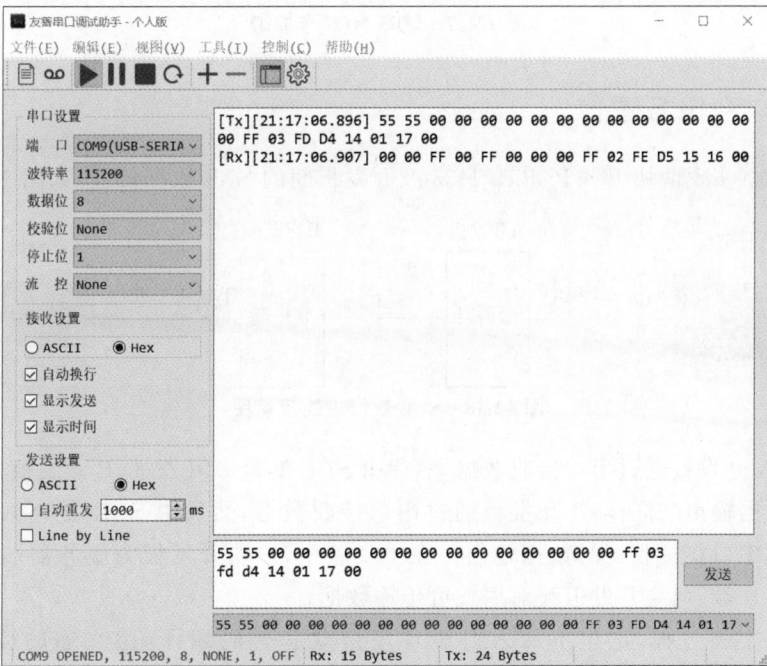

图 12.16　激活 PN532 模块

（4）向 PN532 模块发送 00 00 FF 04 FC D4 4A 02 00 E0 00 指令以获取 NFC 卡的 UID，即 NFC 卡的全球唯一 ID。之后串口软件会接收到 PN532 模块反馈的信息 00 00 FF 00 FF 00，说明系统进入读卡模式。

（5）把 NFC 卡放在 PN532 模块上，串口软件会接收到卡 UID，如图 12.17 中最后一行。

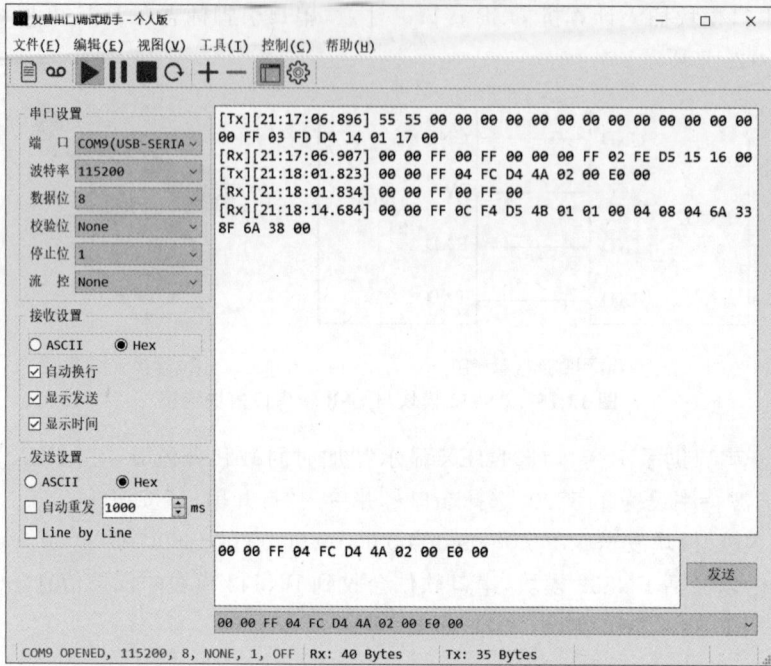

图 12.17　读取 NFC 卡 UID

12.3.3　星闪 SLE 透传

本实验将实现两块 BearPi-Pico H3863 开发板间的 SLE 数据传输，如图 12.18 所示。

图 12.18　SLE 数据传输示意图

图中，A 开发板通过串口接收数据，然后由 SLE 发给 B 开发板，B 开发板通过串口将接收到的数据输出。同样，B 开发板通过串口接收数据，然后由 SLE 发给 A 开发板，A 开发板通过串口将接收到的数据输出。在本实验中，一块开发板为服务器端，另外一块开发板为客户端，两块开发板配对后就可传输数据。

为简化实验过程，这里不深入讨论环境搭建和代码编译（感兴趣的读者可查阅 BearPi-Pico H3863 开发板网站，网址见附录 B 说明和"无线网络技术教学研究平台"），仅介绍已编译好的固件(详见附录 B 说明和"无线网络技术教学研究平台")烧写和传输测试。

(1) 从开发板网站下载固件,如图 12.19 所示。分为客户端和服务器两个固件,后续将分别烧写至不同开发板。

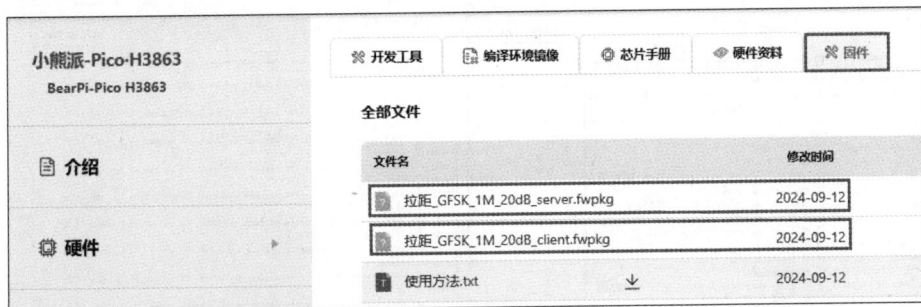

图 12.19　SLE 固件下载

(2) 安装 CH340 驱动,并使用带数据传输功能的 Type-C 线连接开发板和计算机,查看映射的端口是否正常。若端口不正常,则需要重新安装驱动。

(3) 打开 BurnTool 固件烧写工具(见图 12.20),设置其波特率为 921600、**COM** 口为步骤(2)中工作正常的端口,并选择要烧写的文件(两块开发板固件不同,不要选错)。在烧写界面中,需勾选 Auto burn 和 Auto disconnect 复选框。最后单击 Connect 按钮,同时按一下开发板的复位按键,即可启动烧写程序。

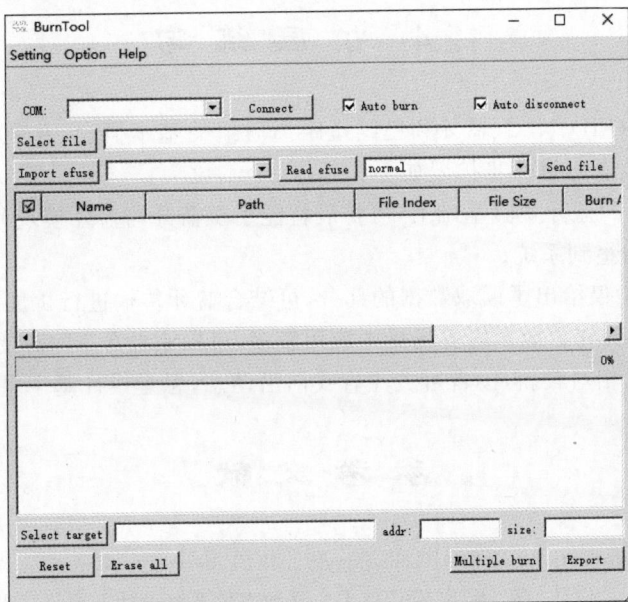

图 12.20　SLE 固件烧写工具

(4) 烧写完毕后,按一下开发板的复位按键,使用串口工具即可查看运行日志,日志打印波特率为 115200。

(5) 将两块开发板分别用带数据传输功能的 Type-C 线连接至计算机(蓝色灯闪烁,

则代表 SLE 为连接状态),然后打开 QCOM 串口工具(详见附录 B 说明和"无线网络技术教学研究平台")。在 SLE 连接状态下发送一个 PDF 文件,如图 12.21 所示的①处→②处→③处→④处。

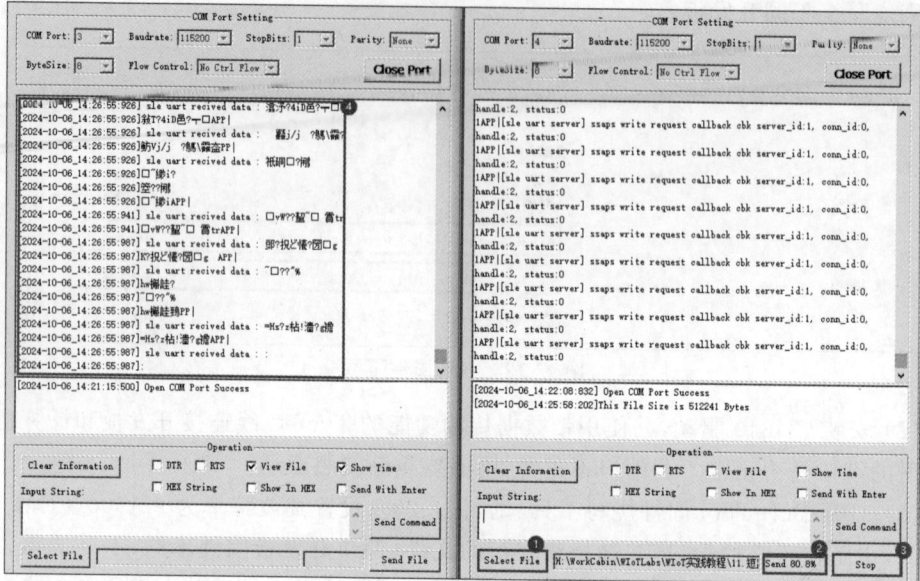

图 12.21　SLE 传输 PDF 文件

12.4　扩展练习

本章介绍了 RFID、NFC、蓝牙和星闪短距离通信的基本概念,并利用低成本硬件进行了实验验证。读者可进一步扩展如下:

(1) 在 RFID 和蓝牙实验基础上,可扩展智能手机蓝牙与蓝牙模块间的通信,实现基于 RFID 和蓝牙的签到系统。

(2) NFC 实验仅给出了读取数据的部分,可结合蓝牙传输进行扩展。

(3) 蓝牙 Mesh 在智能家居等场景中应用较多,可探索蓝牙 Mesh 的应用。

(4) 星闪技术相对较新,读者可关注查找前沿动态,思考设计基于星闪技术的应用。

参 考 文 献

[1] Want R. An Introduction to RFID Technology[J]. IEEE pervasive computing, 2006, 5(1):25-33.

[2] 刘景文,许玮,吕伯轩,等. 基于 NFC 技术的移动支付系统设计方案[J]. 电信科学, 2018, 34 (2):131-138.

第13章

chapter 13

无线传感网组网实践

本章介绍无线传感网的基本概念、ZigBee 协议及组网过程。在此基础上,利用 ZigBee CC2530 节点完成三节点多跳组网实践,读者还可继续扩展成户外环境多点监测系统。

13.1 预备知识

13.1.1 无线传感网概述

无线传感网(Wireless Sensor Network,WSN)综合了传感器、嵌入式计算、分布式信息处理和无线通信等技术,能通过协作实时感知、监测和采集网络区域内的各种环境或被监测对象的信息并予以处理和传输,发送给需要的用户,如图 13.1 所示。WSN 相关技术内容可参见《无线网络技术》第 7 章。

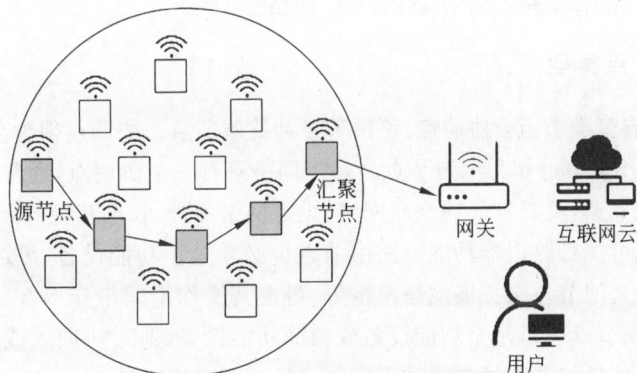

图 13.1　无线传感网示意图

WSN 集成了监测、控制以及无线通信技术,节点数目多、分布密集,其关键特性如下。

(1) **网络规模大**:为获取精确信息,监测区域可部署大量传感器,节点数量可达成百上千甚至更多。通过对采集的大量信息进行分布式处理,能提高监测精度,降低对单个节点的精度要求。冗余节点使系统具备较强容错性。大量节点能增大监测区域,减少监测盲区。

（2）**低速率**：WSN 节点通常只需定期传输温度、湿度、压力、流量、光强和气体浓度等被测参数信息，相对而言，信息量较小，采集数据频率较低。

（3）**低功耗**：一般传感器节点利用电池供电，且分布区域复杂、广阔，难以通过更换电池来补充能量，所以要求节点功耗尽量低，传感器体积尽量小。

（4）**低成本**：WSN 监测区域广，节点多，而且有些区域环境复杂，甚至工作人员无法进入，传感器一旦安装完毕较难更换，因为要求其成本低廉。

（5）**短距离**：为组网和传输数据方便，相邻节点的距离一般为几十至上百米。

（6）**可靠性**：信息获取源自分布于监测区域内的各个传感器，如果传感器本身不可靠，则其信息的传输和处理无任何意义。

（7）**动态性**：复杂环境下的组网会遇到各种因素的干扰，加之节点能量不断损耗，易引起节点故障，因而要求 WSN 具有自组网、智能化和协同感知等功能。

13.1.2　ZigBee 协议

作为 WSN 的典型技术，ZigBee 得到广泛研究和应用。为实现低成本、低功耗和高可靠性等目标，ZigBee 融合了簇树和简化版 AODV（AODVjr）。节点按父子关系（新节点通过旧节点加入网络，即成为旧节点的儿子）使用簇树算法选择路径，即当节点接收到一个目标并非自身的分组时，只能转发给父节点或子节点。

为提高网络效率，ZigBee 也让具有路由功能的节点使用 AODVjr 去发现路由，即这些节点可不按照父子关系而直接发送分组到其通信范围内的其他具有路由功能的节点，而不具有路由功能的节点仍使用簇树路由发送数据和控制分组。

ZigBee 网络层主要负责网络组建、为新加入节点分配地址、路由发现和路由维护等功能，支持多种网络拓扑。ZigBee 注重尽可能减小功耗，降低成本，具有灵活拓扑和自组织、自维护能力。ZigBee 路由协议是 ZigBee 网络层的核心。

1. ZigBee 节点类型

ZigBee 网络有三类节点：协调点、路由节点和终端节点。协调点须为全功能设备，一般需持续供电，在 WSN 中可作为汇聚节点。一个网络只有一个协调点，通常比其他节点功能强大，是网络主控节点，负责发起建立新网络、设定网络参数、管理其他节点及存储节点信息等，网络形成后也可执行路由器功能。路由节点也必须是全功能设备，可进行路由发现，消息转发，通过连接其他节点来拓展网络范围等，可在其操作空间中充当普通协调点，但仍受协调点控制。终端节点可以是全功能设备或精简功能设备，通过协调点或路由节点连接到网络，但不允许其他任何节点通过它加入网络。终端节点能以较低功率运行。

2. ZigBee 网络模型

ZigBee 常采用网状（Mesh）网络结构，网络可通过网关连接到互联网，使 ZigBee 节点设备能被远程访问，网关与互联网通信常通过 Wi-Fi、以太网、蜂窝网等。

ZigBee 支持两个工作频段：2.4GHz 和 868/915MHz。在 IEEE 802.15.4 中，共分配了 27 个具有三种速率的信道：2.4GHz 频段有 16 个速率为 250Kb/s 的信道；915MHz 频

段有 10 个 40Kb/s 的信道；868MHz 频段有 1 个 20Kb/s 的信道。

ZigBee 网络的首个设备选择好信道之后，就可创建一个 ZigBee 网络，每个 ZigBee 网络有唯一的网络标识符：PanID(2 字节)。ZigBee 网络中每个设备都有其在本网络中唯一的设备地址(2 字节)，通常网关设备给自己分配的地址是 0x0000。当新设备加入网络，网关负责为其分配一个随机地址用于后续通信。ZigBee 消息可分为单播、组播、广播。

3. ZigBee 组网过程

若某节点具有 ZigBee 协调点功能且未加入任一网络，可发起建立一个新的 ZigBee 网络，即成为 ZigBee 协调点。协调点首先进行能量探测和主动扫描，选定一个空闲或通信较少的信道，然后确定自身的 16 位网络地址、标识符和网络拓扑参数等。其中标识符不应与协调点探测到的其他标识符冲突。此后协调点可接受其他节点加入该网络。

一个孤立节点 A 想要加入该网络时，可向网络发送关联请求。收到关联请求的节点如有能力接受 A 为其子节点，就为 A 分配一个唯一的 16 位地址，并发出关联应答。收到应答后，A 成功加入网络，并可接受其他节点的关联。一个节点是否接受其他节点与其关联，主要取决于该节点可利用的资源，如存储空间、能量等。

如果某个节点 B 要脱离网络，可向其父节点发送解除关联请求。收到父节点解除关联应答后，B 可成功脱离网络。但如果其自身有一个或多个子节点，B 离开网络前，首先要解除与所有子节点的关联。

13.2　实　验　环　境

本实验所需主要硬件为计算机 1 台、ZigBee CC2530 节点 3 个(含天线，见图 13.2)、CC Debugger 调试器 1 个(含下载线和 USB A 型转 B 型线，见图 13.3)、DHT11 温湿度传感器 1 个(含连接 CC2530 母对母杜邦线若干)。主要软件：Z-Stack 协议栈、IAR Embedded Workbench for 8051 软件、Smart Flash Programmer、友善串口调试助手等，具体软件地址见附录 B 说明和"无线网络技术教学研究平台"。

图 13.2　ZigBee 节点

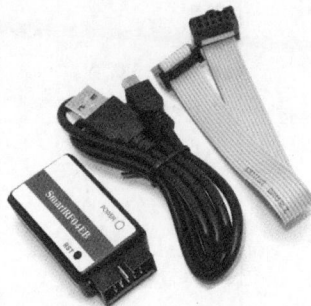

图 13.3　CC Debugger 调试器和接线

13.3 实验步骤

本实验主要完成三个 ZigBee CC2530 节点的多跳组网通信实验,涉及终端、路由和协调点三类节点,实验拓扑如图 13.4 所示。注意 $x+y$ 的距离需测试,若太小则终端节点可能将数据直接发送给协调点,无法体现多跳传输要求。建议最初终端和协调点可在通信范围,然后不断拉长距离,使得通信中断,再增加路由节点,以恢复通信,实现多跳传输的目的。

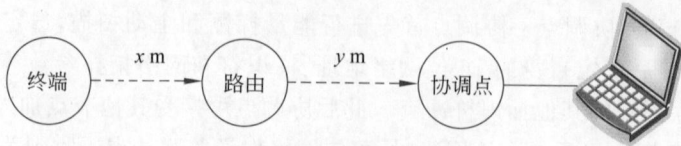

图 13.4 实验拓扑示意图

13.3.1 IAR Embedded Workbench for 8051 安装

由于 IAR Embedded Workbench for 8051(IAR EW 8051,版本 10.20.1)为收费软件,本书不提供软件安装包,需读者从官方渠道获得该软件。接下来将详细介绍安装过程(软件名为 **EW8051-10201- Autorun.exe**):双击软件启动安装引导程序,在打开的界面中单击 Install IAR Embedded Workbench 开始安装。首先出现欢迎界面,直接单击 Next 按钮,进入 License Agreement 界面。选择 I accept the terms of the license agreement 并单击 Next 按钮,转到 Choose Destination Location 界面。根据实际情况选择软件安装位置,然后单击 Next 按钮,转到 Setup Type 界面。选择 Complete 进行完整安装,并单击 Next 按钮。在接下来的两个界面中,直接单击 Next、INSTALL 按钮即可,等待几分钟即可完成安装。打开安装完成的软件,会出现如图 13.5 所示的界面。

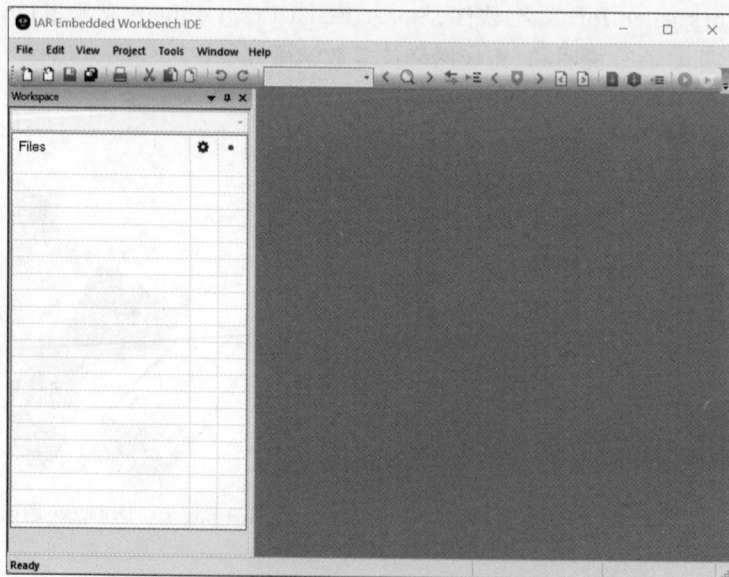

图 13.5 IAR Embedded Workbench for 8051 软件界面

13.3.2　Z-Stack 安装

本实验的 Z-Stack 版本为 3.0.2，可从 Z-Stack 官网（网址见附录 B 说明和"无线网络技术教学研究平台"）获取，如图 13.6 所示，下载前需注册。

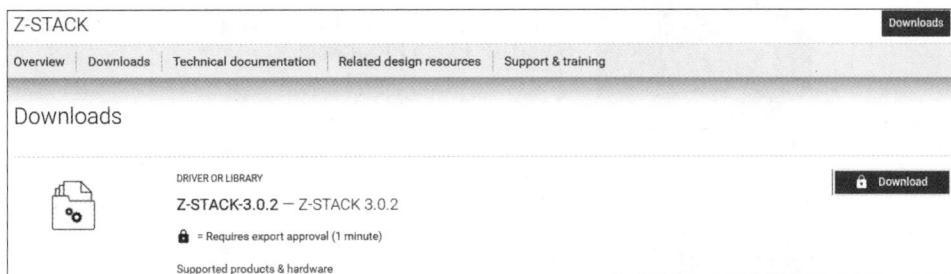

图 13.6　Z-Stack 下载

获得软件（软件名：**Z-Stack 3.0.2.exe**）后，直接双击即可开始安装，如图 13.7 所示。单击 Next 按钮转到选择安装位置界面，根据实际情况选择，并单击 Next 按钮安装。

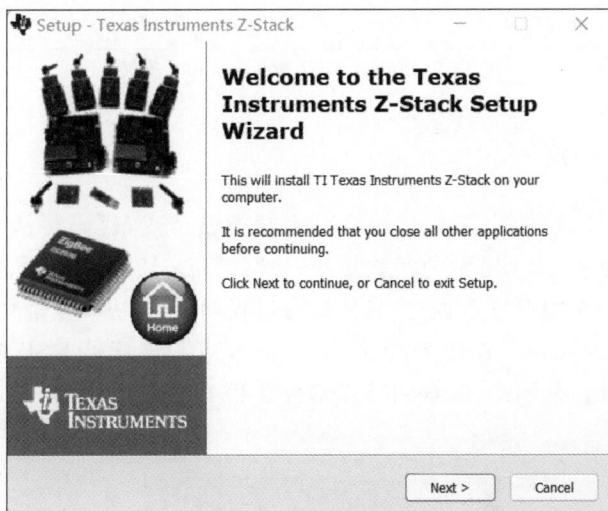

图 13.7　Z-Stack 安装

13.3.3　Smart Flash Programmer 安装

本实验的 Smart Flash Programmer 版本为 1.12.8，可从其官网（网址见附录 B 说明和"无线网络技术教学研究平台"）获取，如图 13.8 所示，下载前需注册。

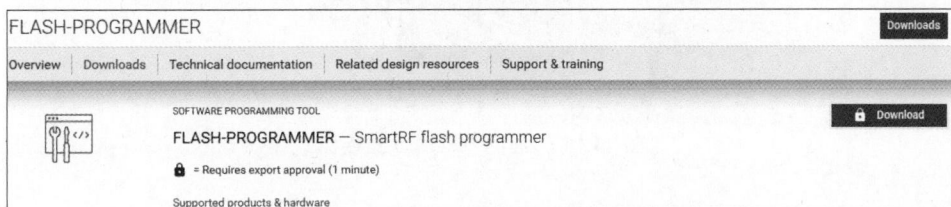

图 13.8　Smart Flash Programmer 下载

获得软件（软件名：**Setup_SmartRF_ Flash_Programmer-1.12.8.exe**）后，直接双击即可开始安装，如图 13.9 所示。单击 Next 按钮转到选择安装位置界面，根据实际情况选择，并单击 INSTALL 按钮安装。

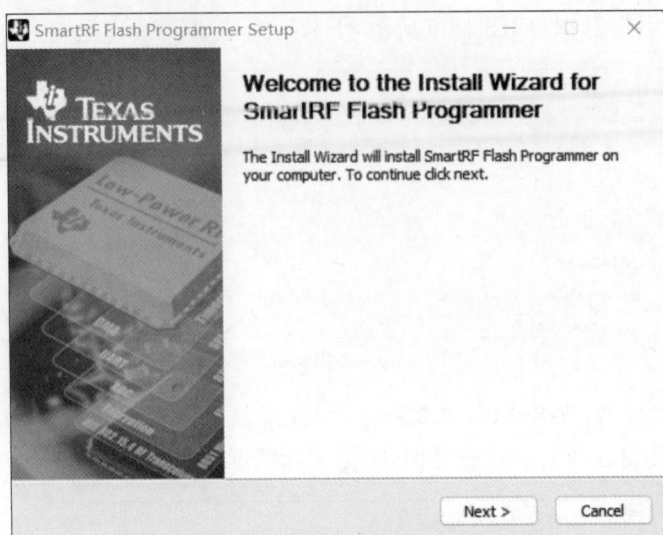

图 13.9　Smart Flash Programmer 安装

13.3.4　节点代码烧写

安装好实验所需软件后，接着开始烧写不同类型节点，代码可从本书网站上获取。在本章中，需完成如图 13.4 所示的实验拓扑，烧写节点：协调点 1 个、路由节点 1 个、终端节点 1 个（负责收集温湿度数据）。具体烧写过程如下（以协调点烧写过程为例）。

（1）利用 CC Debugger 连接 ZigBee CC2530 节点和计算机 USB 接口，并通过 Mini USB 线供电。打开电源开关，可看到节点灯亮。仿真器电源接通，指示灯显示红色，如图 13.10 所示。

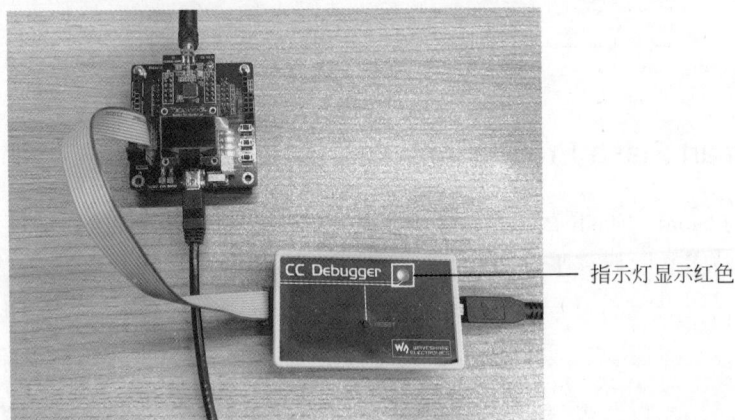

图 13.10　ZigBee CC2530 连接图

（2）按下 CC Debugger 的 Reset 按钮，准备烧写协调器代码，此时指示灯显示绿色，如图 13.11 所示。

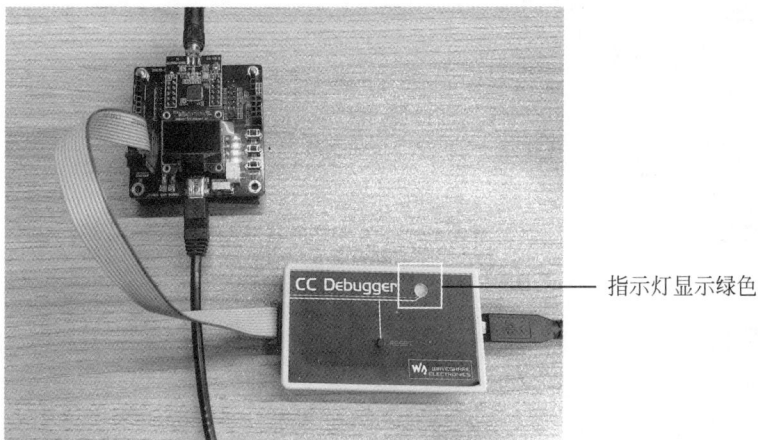

图 13.11 按下 Reset 按钮后转绿

（3）在 Z-Stack 源码目录下找到文件名为 **GenericApp.eww** 的工程文件，双击即可打开整个工程文件，如图 13.12 所示。

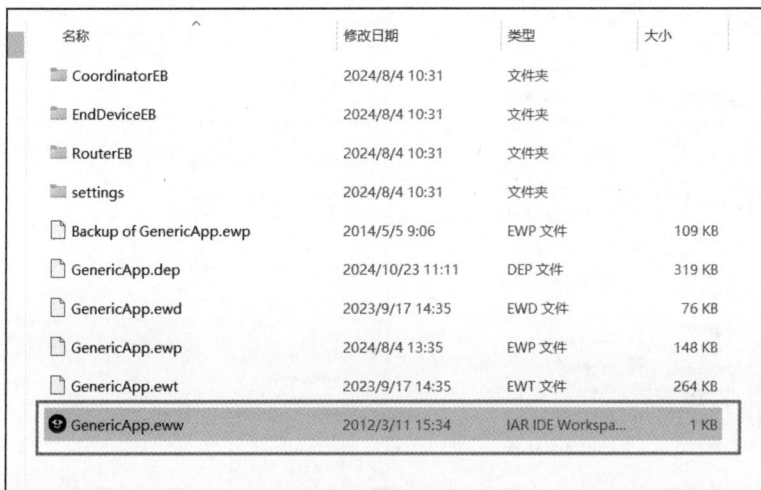

名称	修改日期	类型	大小
CoordinatorEB	2024/8/4 10:31	文件夹	
EndDeviceEB	2024/8/4 10:31	文件夹	
RouterEB	2024/8/4 10:31	文件夹	
settings	2024/8/4 10:31	文件夹	
Backup of GenericApp.ewp	2014/4/5 9:06	EWP 文件	109 KB
GenericApp.dep	2024/10/23 11:11	DEP 文件	319 KB
GenericApp.ewd	2023/9/17 14:35	EWD 文件	76 KB
GenericApp.ewp	2024/8/4 13:35	EWP 文件	148 KB
GenericApp.ewt	2023/9/17 14:35	EWT 文件	264 KB
GenericApp.eww	2012/3/11 15:34	IAR IDE Workspa...	1 KB

图 13.12 打开工程文件

（4）在 IAR Embedded Workbench for 8051 软件左上角选择 **CoordinatorEB**（见图 13.13①处），右击工程根目录（见图 13.13②处），在弹出的快捷菜单中选择 Rebuild All 命令（见图 13.13③处），重新编译协调点代码。

（5）编译完成且显示无错误后，选择菜单栏的 **Project→Download and Debug** 命令进行节点烧写，烧写完成如图 13.14 所示。

（6）见图 13.15，烧写完成后，关闭烧写完成的协调点开关，拔下烧写连接线和 Mini USB 线，换上新的 ZigBee CC2530 节点，连接好烧写连接线和 Mini USB 线，并按 Reset 按钮。

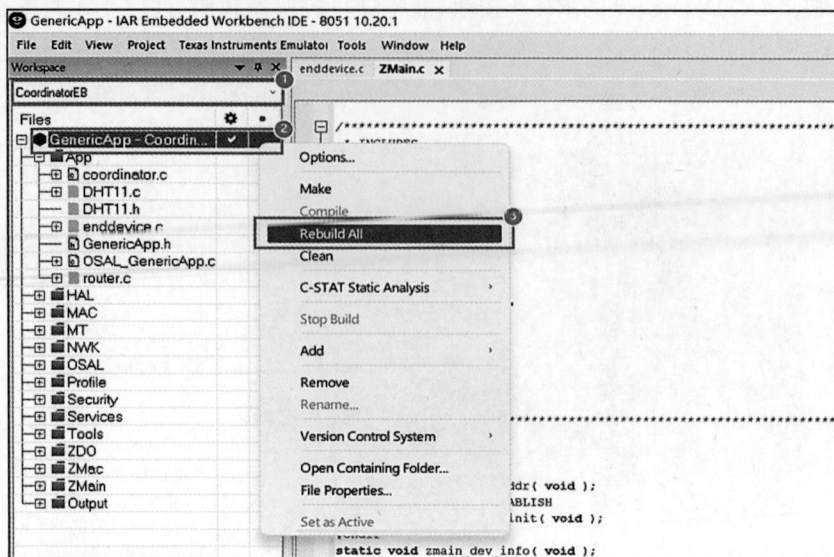

图 13.13　编译协调点代码

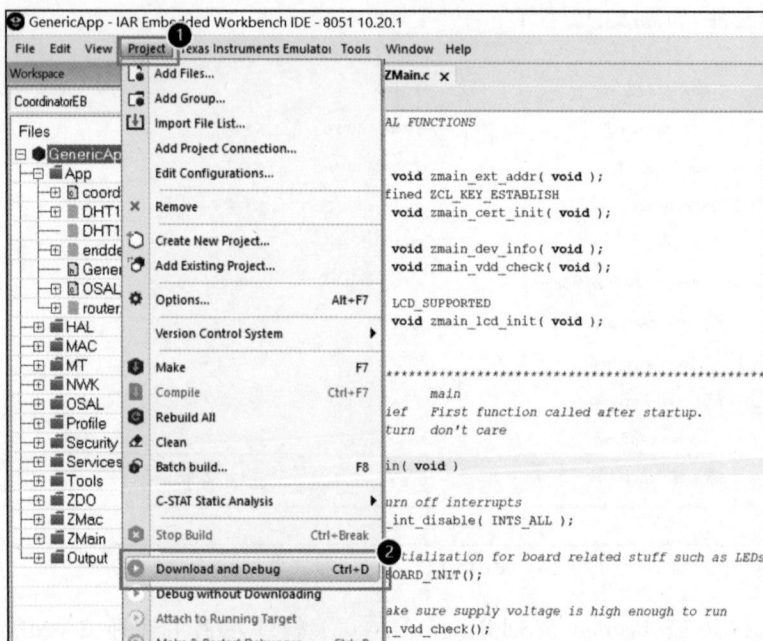

图 13.14　进行协调点烧写

（7）烧写路由节点（见图 13.16）时，在 IAR Embedded Workbench for 8051 软件左上角选择 RouterEB，之后重复进行步骤（4）～（6），完成路由节点烧写；烧写终端节点（见图 13.17）时，在 IAR Embedded Workbench for 8051 软件左上角选择 EndDeviceEB，之后重复进行步骤（4）～（6），完成终端节点烧写。

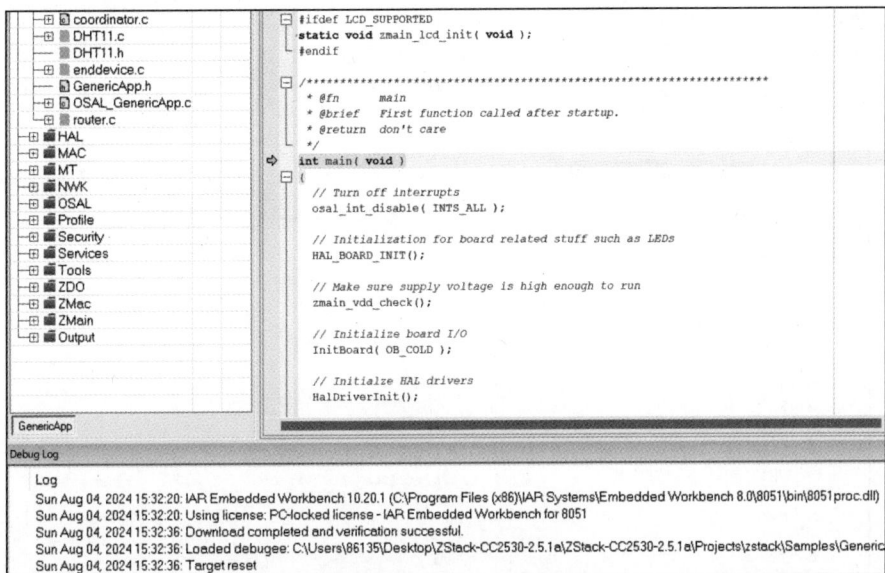

图 13.15　协调点烧写完成

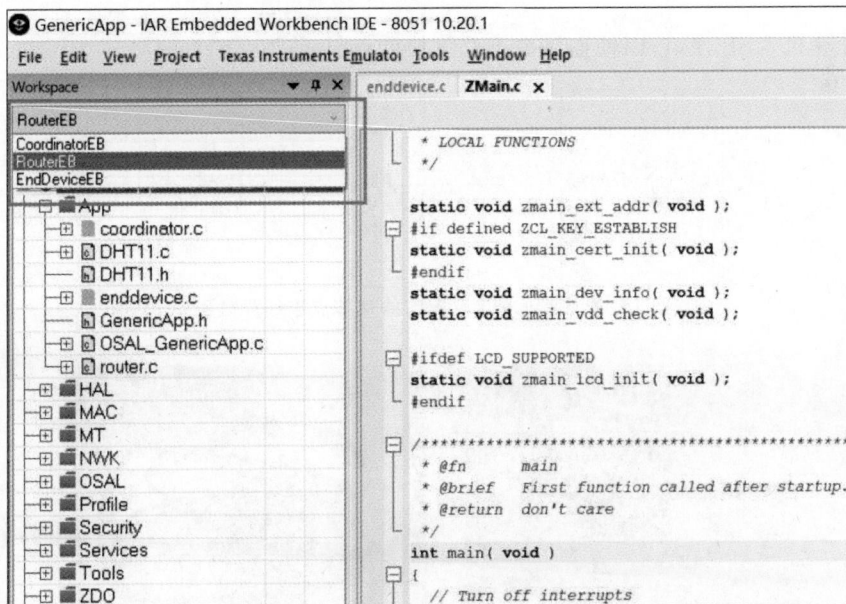

图 13.16　路由节点程序

13.3.5　实测展示

在完成(协调点、路由、终端)节点代码烧写后,可进行实际测试,网络拓扑如图 13.4 所示,具体过程如下。

(1) 连接 DHT11 温湿度传感器和终端节点,具体接线如图 13.18 所示,同时路由节点和终端节点安装电池(通过 Mini USB 线由电源供电也可)。利用 Mini USB 线连接协

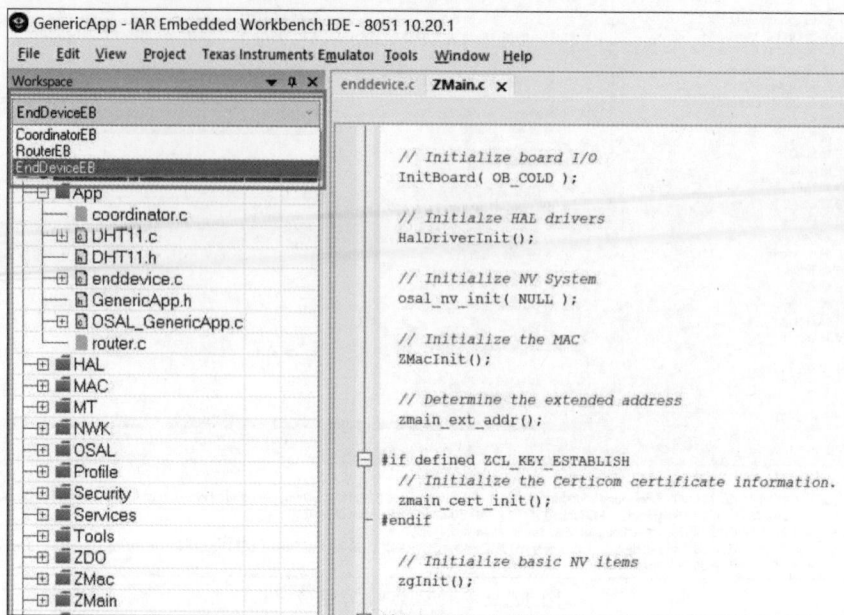

图 13.17　终端节点程序

调点和计算机 USB 接口,以便监测数据并为协调点供电,如图 13.19 所示。

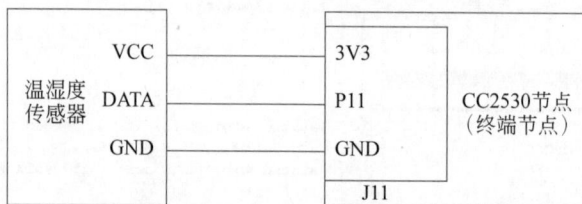

图 13.18　温湿度传感器与终端节点连线原理图

(a) 终端节点连接传感器　　　　　(b) 协调点连接计算机

图 13.19　实测连接图

(2) 打开协调点电源开关,在计算机中打开串口调试助手软件,单击"端口"下拉菜单,选择对应端口号,并设置波特率为 9600,之后单击"打开"按钮,如图 13.20 所示。

(3) 打开终端节点电源开关,等待数秒后协调点的绿色灯开始闪烁,表示终端节点已和协调点建立连接且开始传输数据,此时串口调试助手中会显示协调点收到的数据(见图 13.21)。

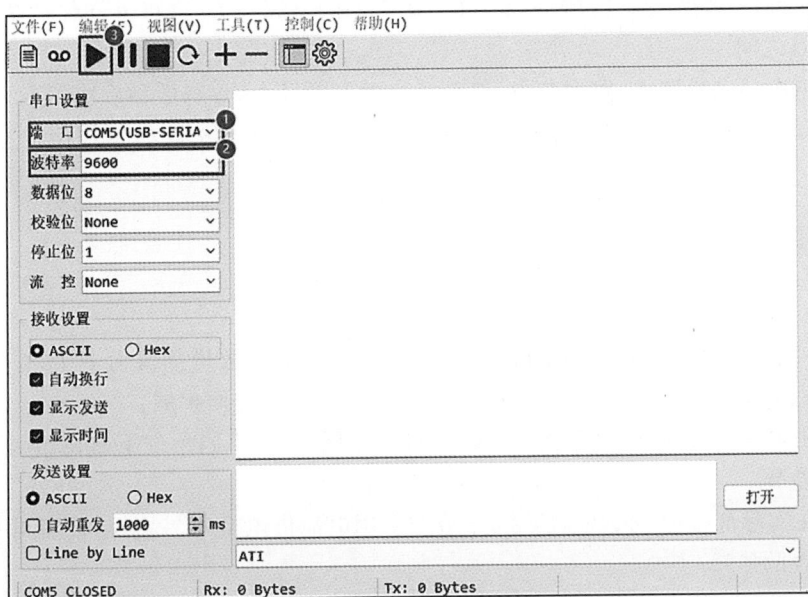

图 13.20 打开串口调试助手

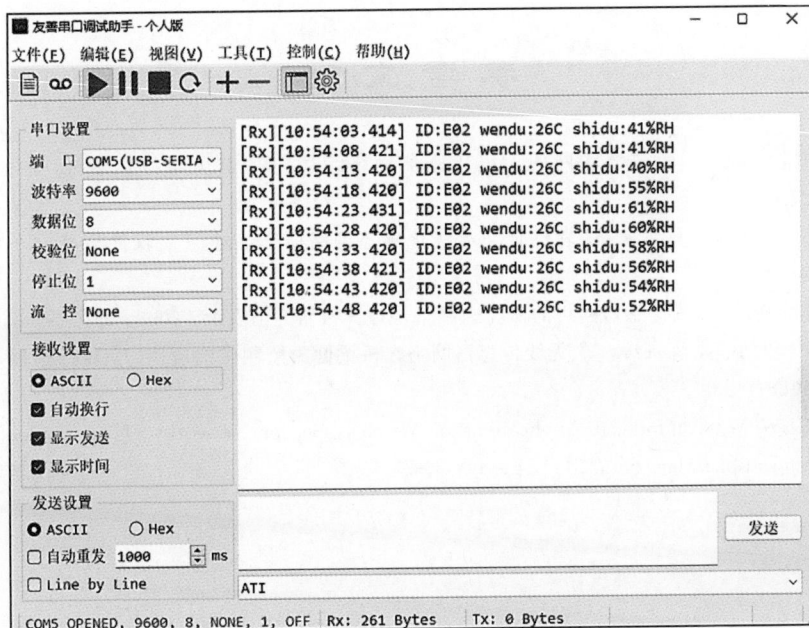

图 13.21 显示收到的数据

（4）保持终端和协调点电源开关开启，且保持协调点位置不变，移动终端节点位置，不断远离协调点，移动过程中随时观察串口调试助手接收数据的情况。

（5）当串口调试助手中观察到协调点接收不到数据时，停止终端节点的移动。此时表明节点间距离超过通信范围，连接断开，记录该距离。需注意，自然环境不同会导致该距离不同，作者在户外晴天测试的该距离约为 40m。

（6）保持终端和协调点位置不变，并关闭它们的电源开关，将路由节点放置在协调点和终端节点之间。

（7）依次开启协调点、路由节点、终端节点的电源开关，等待数秒后协调点绿灯闪烁，且串口调试助手中显示收到数据。此时路由器节点起到了数据包转发作用，扩大了网络范围。

13.4　扩展练习

本章实验展示了 ZigBee 的基础组网，终端和路由节点数量都仅为一个，在实际情况中上述节点数量一般较多。基于本实验，读者可从以下几方面扩展：

（1）在雨雾天气、障碍物遮挡等情况下进行组网，分析不同条件下覆盖相同区域的组网节点数差异。

（2）在实际部署中，ZigBee CC2530 节点采用电池供电且不易更换，读者可分析路由和终端节点的能耗/寿命。

（3）在本书其他实验中学习了长距离无线电（Long Range Radio，LoRa）通信，读者可以尝试 ZigBee 和 LoRa 联合组网，构建更大范围的监测系统。

参 考 文 献

[1]　钱志鸿，王义君. 面向物联网的无线传感器网络综述[J]. 电子与信息学报，2013，35(1)：215-227.

[2]　黄美根，黄一才，郁滨，等. 软件定义无线传感器网络研究综述[J]. 软件学报，2018，29(9)：2733-2752.

[3]　李建中，高宏. 无线传感器网络的研究进展[J]. 计算机研究与发展，2008，45(1)：1-15.

[4]　俞姝颖，吴小兵，陈贵海，等.无线传感器网络在桥梁健康监测中的应用[J].软件学报，2015，26(6)：1486-1498.

[5]　ANDREW W. Commercial Applications of Wireless Sensor Networks Using ZigBee[J]. IEEE Communications Magazine，2007，45(4)：70-77.

第14章

低功耗广域物联网数据传输实践

本章介绍低功耗广域物联网数据传输的基本原理和代表性技术,并利用低成本硬件进行了相关实践。

14.1 预 备 知 识

低功耗广域物联网相关技术知识可参见《无线网络技术》第9章。

14.1.1 长距离无线电

长距离无线电(Long Range Radio,LoRa)是 Semtech 公司开发的一种低功耗、远距离无线传输技术标准,目的是为解决功耗与传输覆盖距离的矛盾。一般情况下,低功耗则传输距离近,高功耗则传输距离远,LoRa 解决了在同等功耗条件下较远距离传播的技术难题,实现了低功耗和远距离两种兼顾的效果。

LoRa 采用 Chirp Spread Spectrum(CSS)扩频调制的无线通信方案,通过线性频率调制(Linear Frequency Modulation,LFM)产生"啁啾"信号,每个数据包的载波频率随着时间线性变化。该调制方式允许信号在强干扰环境下保持良好的穿透力与抗多径衰落能力,从而实现远距离传输。此外,LoRa 采用前向纠错编码(Forward Error Correction,FEC)来增强数据传输可靠性,在信号强度较低时也能保证一定的数据完整性,同时支持多种扩频因子选择,以适应不同传输速率和距离需求。LoRa 主要在免费频段运行,包括433MHz、868MHz、915MHz 等。

LoRa 优势:①长距离通信,最远可达数十千米,适合远距离物联网应用,如智慧农业、智慧城市等;②低功耗(电池寿命长),网络设备可长时间运行,即使电池供电也可满足较长使用寿命要求;③广域覆盖,不仅覆盖城市区域,也能穿透障碍物,提供室内和地下覆盖,适用各种环境下的物联网应用;④抗干扰能力强,采用频率扩散调制,使其在频繁干扰环境中依然能保持稳定通信,从而提高其在复杂电磁环境下的可靠性;⑤低成本,设备价格低廉,且由于其长距离通信能力强,可减少基础设施需求,从而降低整体的部署成本;⑥开放标准,厂商和开发者可基于 LoRa 二次开发,极大促进 LoRa 生态系统的发展和创新。

LoRa 不足：①LoRa 在传输距离上表现突出，但牺牲了数据传输速率（几十至几百千比特每秒），不适合需要高速率传输的应用场景；②尽管 LoRa 网络设计之初考虑了稳健性，但在高密度部署或复杂环境中仍可能面临网络拥塞、信号干扰等问题；③LoRa 主要依托私有协议长距离广域网（Long Range Wide Area Network，LoRaWAN），虽然已在全球范围内得到广泛应用，但相对于其他一些全球开放统一标准的通信技术仍有较大差距。

14.1.2　长距离广域网

长距离广域网（LoRaWAN）是建立在 LoRa 上的通信协议。LoRaWAN 定义了一套基于星状拓扑结构的无线通信协议，允许设备通过无线方式连接到网络，实现与云端的通信和控制。与传统的 GPRS、3G/4G 等通信技术相比，LoRaWAN 在长距离传输和低功耗方面具有显著优势，因此被广泛应用于物联网领域。

LoRa 和 LoRaWAN 区别：①LoRa 提供了长距离、低功耗、低速率的无线通信，而 LoRaWAN 则是基于 LoRa 的一套具有多节点、安全性、低功耗的通信协议；②LoRa 可用于许多不同应用场景，而 LoRaWAN 则主要应用于低功耗广域网络；③LoRa 可实现点对点、点对多点、广播等不同通信方式，而 LoRaWAN 则采用星状网络拓扑结构，包括终端节点、网关和应用服务器三部分；④LoRa 本身并不提供安全机制，而 LoRaWAN 则提供了多种安全机制。

LoRaWAN 分层原理：①采用星状拓扑结构，终端通过 LoRa 与网关通信，网关再将数据传输到云端服务器；②包含 MAC 层和应用层的一套完整协议，其中 MAC 层协议定义了终端设备和网关间的通信规则，包括帧结构、数据传输方式、加密认证等，而应用层协议则定义了数据传输的具体内容和格式；③采用多层安全机制，包括终端设备与网关间的加密认证、网关与云端服务器间的安全连接等，保障了数据机密性和完整性；④支持多种服务质量级别，包括确认传输、不确认传输等，且可根据不同应用场景进行灵活配置，改善数据传输效果。

14.1.3　应用场景

LoRa 作为目前广泛使用的低功耗广域网，为低功耗物联网设备提供了可靠的连接方案。如图 14.1 所示，相比 Wi-Fi、蓝牙、ZigBee 等无线网络，LoRa 可实现更远距离通信，有效扩展网络覆盖范围；相比移动蜂窝网络，LoRa 具有更低硬件部署成本和更长节点使用寿命，单个 LoRa 节点可在电池供电时连续工作数年。这种低数据率、远距离和低功耗的性质，非常适合与室外的传感器及其他物联网设备进行通信或数据交互。

考虑到 LoRa 在覆盖距离、部署成本等方面的巨大优势，近年来在全球范围内得到大量的应用部署，如智能仪表（如智能水表、智能电表）、智慧城市、智能交通、智慧农业、环境保护、动植物保护等众多物联网场景。

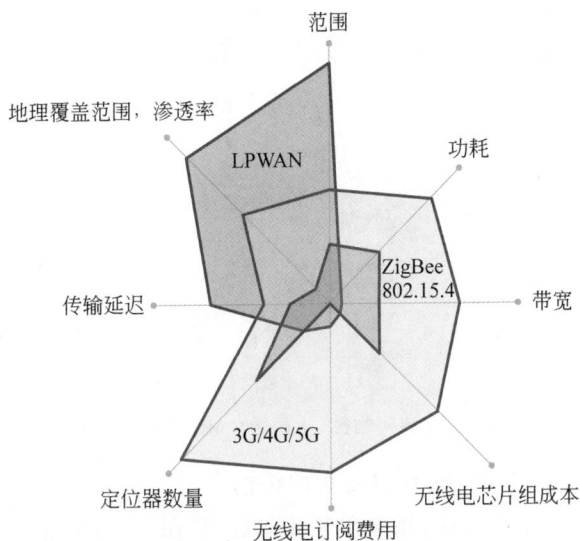

图 14.1　与其他通信技术比较

14.2　实　验　环　境

本章实验的主要硬件(见图 14.2 和图 14.3)为计算机 1 台、Arduino UNO 开发板 2 块、LoRa 模块 2 个、USB A 型转 B 型线两根。主要软件为 Arduino IDE、串口助手工具。

图 14.2　Arduino UNO 开发板

图 14.3　LoRa 模块

14.3　实　验　步　骤

14.3.1　节点代码烧写

在本实验中,LoRa 和 Arduino UNO 的连接实物如图 14.4 所示,直接将节点按针脚位置对准插入即可。

在完成硬件连接后,按以下步骤进行实验。需注意,代码烧写仅与 Arduino UNO 开

图 14.4　LoRa 与 Arduino UNO 连接实物图(上层为 LoRa 模块,下层为 Arduino UNO 开发板)

发板有关,由开发板控制 LoRa 模块进行数据传输。

(1) 打开 Arduino IDE 软件,在菜单栏中选择 Tools→Manage Libraries 命令,会出现如图 14.5 所示的窗口。在窗口左上的搜索框中输入 lora(①处),会自动弹出相关的软件库,拖曳列表框(②处),找到对应库进行安装(③处)。

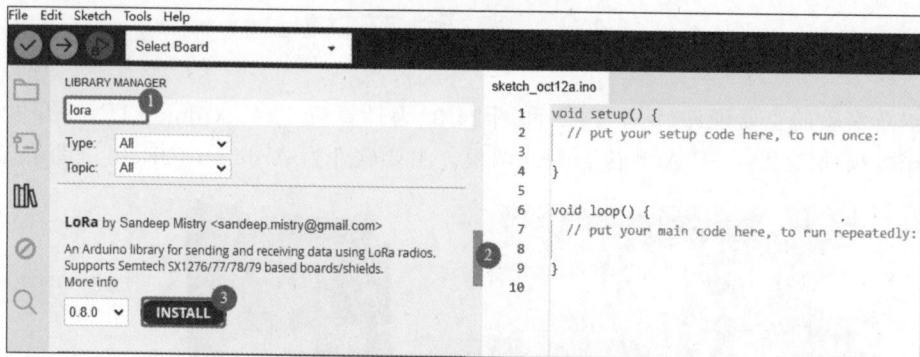

图 14.5　Arduino IDE 安装 LoRa 库

(2) 新建 Arduino 项目(在菜单栏中选择 File→New Sketch 命令),同时选择目标开发板为 Arduino UNO(在工具栏的下拉列表框中搜索并选中 Arduino Uno 即可)。

(3) 使用 USB A 型转 B 型线连接 Arduino UNO 开发板与计算机,同时将下述发送节点的代码输入步骤(2)中新建的项目代码文件中,按 Ctrl+S 组合键保存(自行选择保存文件名和路径)。单击 ✅ 图标进行代码验证,若代码无误则单击 ➡ 图标烧写代码至 Arduino UNO 开发板。注意,在烧写之前,Arduino IDE 需选择正确端口(在菜单中选择 Tools→Port 命令)以保证能正确烧写。

```
#include <SPI.h>
#include <LoRa.h>
int counter = 0;
void setup() {
  Serial.begin(9600);
```

```
    while (!Serial);
    Serial.println("LoRa Sender");
    if (!LoRa.begin(915E6)) {
      Serial.println("Starting LoRa failed!");
      while (1);
    }
  }
void loop() {
  Serial.print("Sending packet: ");
  Serial.println(counter);
  //发送数据包
  LoRa.beginPacket();
  LoRa.print("hello ");
  LoRa.print(counter);
  LoRa.endPacket();
  counter++;
  delay(5000);
}
```

（4）重复步骤（2）、步骤（3），连接另外一个 Arduino UNO 开发板，烧写下述接收节点的代码。

```
#include <SPI.h>
#include <LoRa.h>
void setup() {
  Serial.begin(9600);
  while (!Serial);
  Serial.println("LoRa Receiver");
  if (!LoRa.begin(915E6)) {
    Serial.println("Starting LoRa failed!");
    while (1);
  }
}
void loop() {
  //分析 LoRa 数据包
  int packetSize = LoRa.parsePacket();
  if (packetSize) {
    //接收一个数据包
    Serial.print("Received packet '");
    //读取数据包
    while (LoRa.available()) {
      Serial.print((char)LoRa.read());
    }
    //打印数据包里的 RSSI
    Serial.print("' with RSSI ");
    Serial.println(LoRa.packetRssi());
  }
}
```

14.3.2　实测分析

考虑到 LoRa 的长距离传输,本实验的场景为户外,具体如图 14.6 所示,测试 LoRa 发送和接收情况。LoRa 节点间的通信基本过程如图 14.7 所示。

图 14.6　LoRa 通信实验测试场景

图 14.7　LoRa 节点间的通信基本过程

在实测过程中,LoRa 发送和接收节点都用电池供电,同时通过 USB A 型转 B 型线连接到计算机,并在计算机上通过串口助手观测数据,串口波特率设置为 9600。若正常连接并通信,可在串口看到如图 14.8 所示的数据。

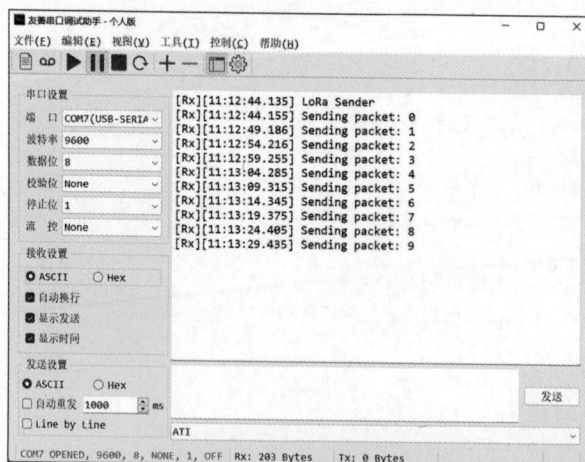

(a) 发送节点串口数据

图 14.8　测试正常的数据

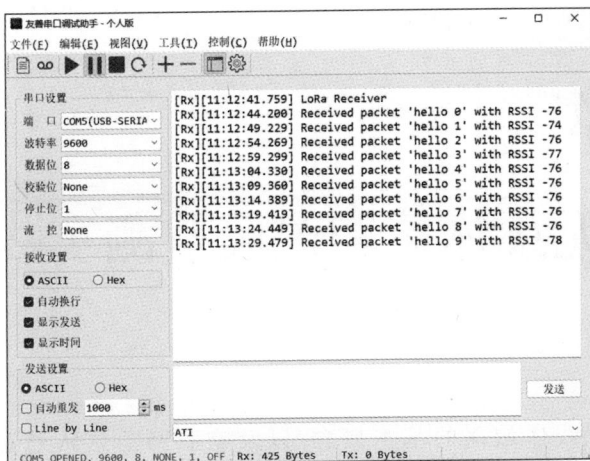

(b) 接收节点串口数据

图 14.8　（续）

14.4　扩　展　练　习

本章实验展示了应用 LoRa 进行低功耗广域物联网数据传输的基本过程,实际应用中不只是点对点数据传输,还可以通过网关进行传输,同时也会与 ZigBee 等无线传感网联合组网。基于本实验,读者可从以下几方面扩展:

(1) 调研 LoRa 相关的芯片及模组,构建符合自身需求的 LoRa 数据传输网络。

(2) 在多个发送节点的场景中,使用 LoRa 网关组建网络进行数据传输。

(3) 融合无线传感网和 LoRa 组建大范围、长距离的环境监测物联网。

参　考　文　献

[1] XIONG W, LINGHE K, LIANG H, et al. mLoRa: A Multi-Packet Reception Protocol in LoRa networks[C]. //Proc. of ICNP, 2019: 1-11.

[2] 李泽浩,马建鹏,张顺,等. 基于 LoRa 的低轨道卫星物联网传输技术[J]. 天地一体化信息网络, 2022, 3(4): 2-11.

[3] ZHIPENG S, SHUAI T, JILIANG W. LoSense: Integrated Long-Range Sensing and Communication with LoRa Signals[C]. //Proc. of ICNP, 2023: 1-11.

[4] SHUAI T, JILIANG W, JING Y, et al. Citywide LoRa Network Deployment and Operation: Measurements, Analysis, and Implications[C]. //Proc. of SenSys, 2023: 362-375.

第15章

Chapter 15

无线体域网健康监测实践

本章介绍了无线体域网的基本概念,以及物联网消息队列遥测传输(Message Queuing Telemetry Transport,MQTT)和代理(Broker),同时探讨了基于光电容积描记法(Photoplethysmography,PPG)的血压估计。此外,利用低成本硬件,完整实现一套健康监测系统。

15.1 预 备 知 识

无线体域网相关技术背景知识可参见《无线网络技术》第11章。

15.1.1 无线体域网

无线体域网(Wireless Body Area Network,WBAN)为小型或微型无线网络(如IEEE 802.15.6、蓝牙、ZigBee等),由附于身体或植入体内的微型智能设备组成。设备可提供持续健康监测(如心率、体温、血压、血氧饱和度等生理指标)和实时信息反馈,并长期记录和分析。病人长时间在自然环境中测得的数据,比短时间在医院现场测得的数据更反映实际情况。WBAN市场广阔,可为病人、老人、残障人士、婴幼儿等提供远程监护、早期疾病预警和慢性病管理等日常护理和医疗。更多WBAN内容详见《无线网络技术》第11章。图15.1为WBAN部署应用示意图。

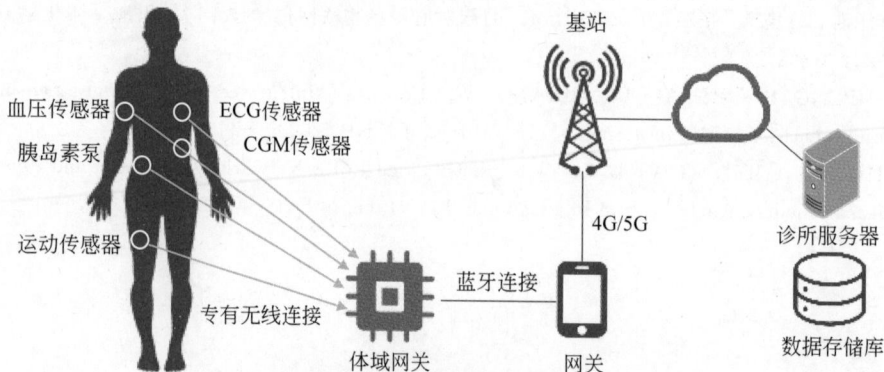

图 15.1 WBAN 部署应用示意图

WBAN 的组成一般包括传感器节点、执行器节点、个人设备等,节点数量受制于网络特性,一般为 20～50。

15.1.2　消息队列遥测传输

消息队列遥测传输(MQTT,相关知识见《无线网络技术》第 9 章)是一种基于客户端/服务器的发布/订阅(Publish/Subscribe)的"轻量级"低开销、低带宽占用即时通信协议,由 IBM 公司发布。该协议基于 TCP,进行有序、无损、基于字节流的双向传输,以极少代码和有限带宽,为远程连接设备提供实时可靠的消息服务。MQTT 主要特性如下:

(1) 发布/订阅消息模式,提供一对多消息分发,实现与应用程序的解耦。

(2) 协议开销小(2 字节固定长度头部),以降低网络流量。

(3) 使用 TCP/IP 提供网络连接,屏蔽负载内容。

(4) 传输消息有三种服务质量:至多一次、至少一次、只有一次。

(5) 使用 Last Will 和 Testament 通知客户端异常中断。

在 MQTT 应用中,包含三类参与者:发布者(Publisher)、代理和订阅者(Subscriber)。发布者产生消息(如传感器),代理负责消息的接收、存储和转发,订阅者订阅感兴趣的主题(主题以'/'分隔符区分层级,并可使用通配符'+'或'#'作为主题过滤器订阅多个主题,不含通配符的是主题名)接收消息,如图 15.2 所示。实现时,发布者和订阅者同处于 MQTT 客户端。在 MQTT 中,消息包含主题(Topic)和载荷(Payload)两部分,其中 Topic 代表消息类型,而 Payload 则是消息的具体内容。

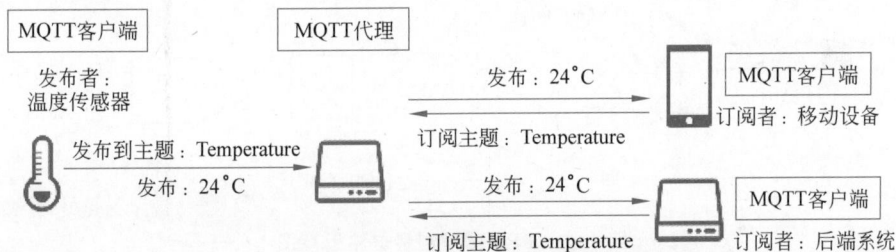

图 15.2　MQTT 工作示意图

15.1.3　光电容积描记法

光电容积描记法(PPG)是一种基于光电方法在活体组织中监测血液容积变化的无创监测方法。绿光和红光都可作为测量光源,绿光源可得到更好的信号,因而现在大部分可穿戴设备采用绿光源。但考虑到皮肤情况不同(肤色、汗水),高端产品可自动切换绿/红/红外光源。当特定波长光束照射到(指尖)皮肤表面时,心跳导致的血管收缩/扩张都会影响光的透射或反射(见图 15.3)。

当光线透过皮肤组织后反射到光敏传感器时,光照会有一定的波动(肌肉、骨骼、静脉和其他组织对光的吸收基本不变,但动脉里血液脉动导致光的吸收动态变化)。光信号转成电信号后,由于动脉对光的吸收有变化而其他组织对光的吸收基本不变,得到的电信号由直流(Direct Current,DC)和交流(Alternating Current,AC)信号叠加,提取 AC

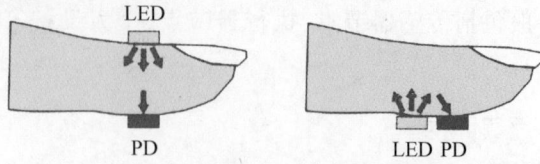

PD—光电传感器;LED—发光二极管。

图 15.3　透射和反射测量示意图

信号就可获得 PPG 信号,如图 15.4 所示。

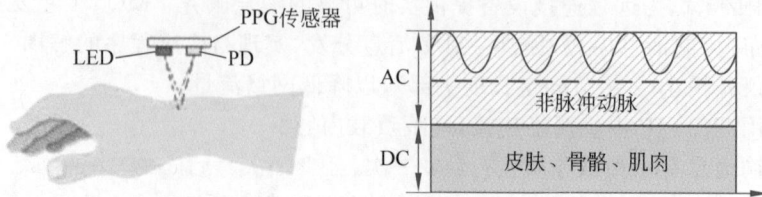

图 15.4　PPG 信号测量原理示意图

　　图 15.5 为 PPG 信号测量电路,其包含光发射驱动系统中的 LED,以及测量光电二极管返回信号的电路。目标是通过消耗的一定 LED 电流量,测量尽可能高的光电流。光电二极管的输入接收信号透过跨阻放大器(Trans-Impedance Amplifier,TIA)而放大、滤波,然后通过一个模数转换器(Analog-to-Digital Converter,ADC)进行数据采集。

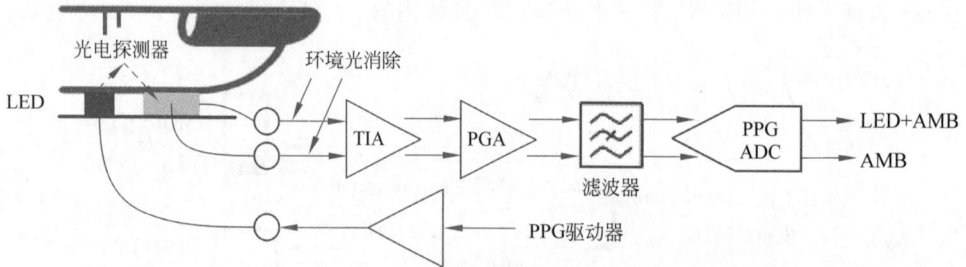

图 15.5　PPG 信号测量电路示意图

15.2　实验环境

　　本实验在 Windows 11 系统上完成,需计算机 1 台、ESP32 开发板(见图 15.6(a))2 块、MAX30102 血氧心率传感器(见图 15.6(b))1 个、Pulsesensor 脉搏传感器(见图 15.6(c))1 个、电源线 2 根、网线 1 根、杜邦线若干。开发软件包括 Arduino、Mosquitto(v2.0.19)。

(a) ESP32开发板　　(b) MAX30102血氧心率传感器　　(c) Pulsesensor脉博传感器

图 15.6　开发板和传感器

15.3　实　验　步　骤

15.3.1　搭建 MQTT 代理

Mosquitto 是一个开源(EPL/EDL 许可)的消息代理,实现了 MQTT 协议 5.0、3.1.1 和 3.1 版本。Mosquito 轻量级特性使其适用于从低功耗单板计算机到全服务器的所有设备。本节实验将展示在 Windows 11 系统中搭建基于 Mosquitto 的 MQTT 代理,具体步骤如下。

(1) 从 Mosquitto 官网(网址见附录 B 说明和"无线网络技术教学研究平台")下载 Windows 系统的安装包(mosquitto-2.0.19-install-windows-x64.exe)。

(2) 双击已下载的应用开始安装,系统会提示安全问题,直接选择"仍然运行"即可,图 15.7 为安装欢迎页面。单击 Next 按钮转到选择组件界面,全选组件并单击 Next 按钮转到选择安装位置界面。读者根据实际情况选择软件的安装位置,并单击 INSTALL 按钮,等待几分钟即可完成安装。

图 15.7　Mosquitto 安装

(3)配置 Mosquitto 代理(安装路径为 D:\Mosquitto,根据实际安装位置替换):利用记事本打开 **D:\Mosquitto** 中的配置文件 **mosquitto.conf**,删除 ♯listener 的"♯"并添加端口号 **1883**。此外,为便于实验,设置允许匿名登录,将 ♯allow_anonymous **false** 修改为 allow_anonymous **true**。下述加粗部分为修改的配置。

```
...
#listener 0 /tmp/mosquitto.sock
#
#listener port-number [ip address/host name/unix socket path]
listener 1883
```

```
...
allow_anonymous true
...
```

（4）启动 Mosquitto 代理：使用管理员身份打开命令行终端，在命令行中执行 **cd D：\Mosquitto** 进入 Mosquitto 安装目录，运行 **mosquitto.exe -c mosquitto.conf -v** 即可启动 Mosquitto 代理，如图 15.8 所示。

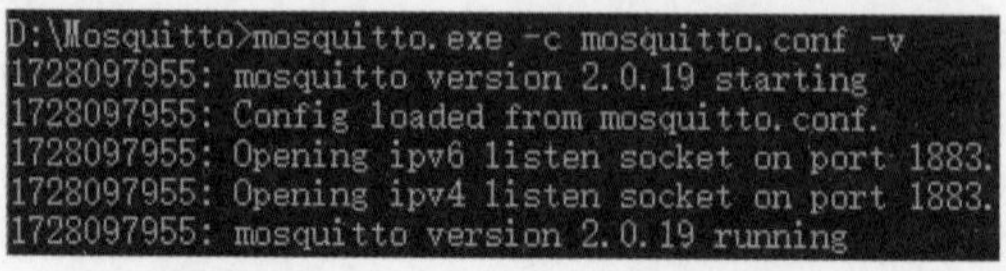

图 15.8　Mosquitto 代理成功启动

15.3.2　连接 ESP32 和传感器

由于 ESP32 开发板接口受限，本实验需将 MAX30102 和 Pulsesensor 两个传感器分别连接至两块 ESP32 开发板。图 15.9 和图 15.10 分别是两个传感器与 ESP32 连接示意图。

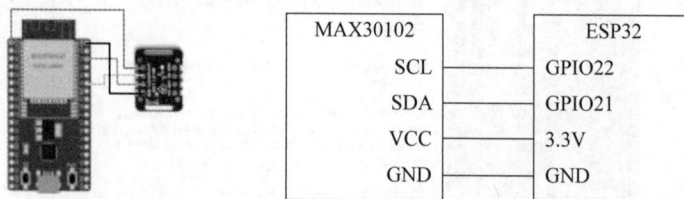

(a) 实物链接图　　　　(b) 引脚接线图
图 15.9　MAX30102 与 ESP32 连接示意图

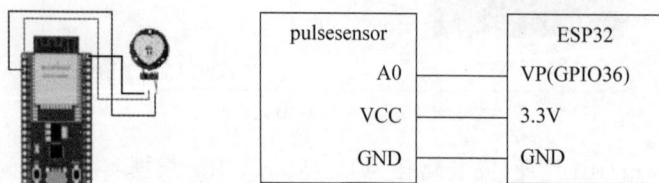

(a) 实物链接图　　　　(b) 引脚接线图
图 15.10　Pulsesensor 与 ESP32 连接示意图

15.3.3　代码烧写与测试

在开始编译和烧写代码前，Arduino 软件中增加 ESP32 开发板和两个传感器（MAX30102 和 Pulsesensor）的支持库，具体如下。

（1）打开 Arduino IDE 软件，选择 **File→Preferences** 命令，会出现如图 15.11 所示的 Preferences 窗口。

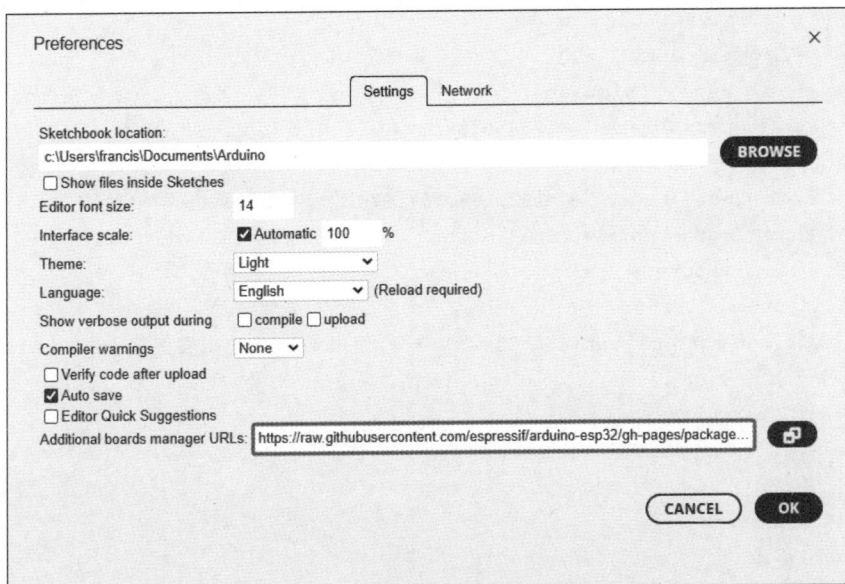

图 15.11 添加 ESP32 开发板 URL

在 **Additional Board Manager URLs** 的方框部分添加 https://raw.githubusercontent. com/espressif/arduino-esp32/gh-pages/package_esp32_index.json,然后单击 OK 按钮, Arduino 会自动下载安装 ESP32 开发板支持库。

(2) 选择 **Tools→MANAGE LIBRARIES** 命令,如图 15.12 所示,会在 Arduino 软件左侧显示 LIBRARY MANAGER 窗口,在搜索栏中输入 Pulsesensor 会出现安装信息,单击 INSTALL 按钮即可开始安装。同理,在搜索栏中输入 MAX3010x 会出现 MAX30102 传感器库的安装信息,单击 INSTALL 按钮即可开始安装。

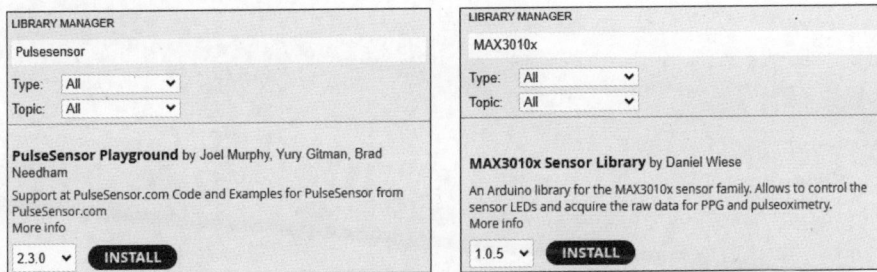

(a) Pulsesensor库安装   (b) MAX30102库安装

图 15.12 Arduino 传感器库安装

完成依赖/支持库安装后,即可开始编写、编译、烧写 ESP32 开发板代码。由于使用的传感器不同,两块 ESP32 开发板上的代码略有不同,具体如下。

(1) 搭载 Pulsesensor 传感器的 ESP32 代码:

```
#include <WiFi.h>
#include <PubSubClient.h>
```

```
#define UpperThreshold 550
#define LowerThreshold 500
const char * ssid = "wiotlab";                 //连接 Wi-Fi 名称 (根据实际情况进行替换)
const char * passphrase = "12345678";          //连接 Wi-Fi 的密码
//MQTT 代理设置
const char * mqtt_broker = "192.168.137.67";   //本地计算机的 IP 地址
const char * mqtt_topic = "PPG_test";          //自定义的 MQTT topic
const int mqtt_port = 1883;                    //MQTT 端口
WiFiClient espClient;                          //创建 WiFiClient 实例
PubSubClient mqtt_client(espClient);   //使用 espClient 实例化 PubSubClient
int lastTime = 0;
bool BPMTiming = false;
bool beatComplete = false;
int BPM = 0;
void connectToMQTT() {
  while (!mqtt_client.connected()) {
    String client_id = "esp32-client-";
    client_id += String(WiFi.macAddress());
    Serial.printf("Connecting to MQTT broker with client ID: %s\n", client_id.
c_str());
    if (mqtt_client.connect(client_id.c_str())) {
      Serial.println("Connected to MQTT broker");
    } else {
      Serial.print("Failed with state ");
      Serial.print(mqtt_client.state());
      delay(2000);
    }
  }
}
void setup() {
  Serial.begin(115200);
  pinMode(A0, INPUT);
  Serial.print("Connecting to WiFi ");
  Serial.println(ssid);
  WiFi.begin(ssid, passphrase);
  while (WiFi.status() != WL_CONNECTED) {
    delay(500);
    Serial.print(".");
  }
  Serial.println("\nWiFi connected.");
  Serial.print("IP address: ");
  Serial.println(WiFi.localIP());
  mqtt_client.setServer(mqtt_broker, mqtt_port);
```

```
    mqtt_client.setKeepAlive(60);
    connectToMQTT();
}
void loop() {
    int pulse = analogRead(A0);
    int now = millis();
    if (pulse > UpperThreshold) {
        if (beatComplete) {
            BPM = now - lastTime;
            BPM = int(60 / (float(BPM) / 1000));
            BPMTiming = false;
            beatComplete = false;
        }
        if (!BPMTiming) {
            lastTime = millis();
            BPMTiming = true;
        }
    }
    if ((pulse < LowerThreshold) && BPMTiming) {
        beatComplete = true;
    }
    if (mqtt_client.connected()) {
        String payload = "";
        payload += String(pulse);
        mqtt_client.publish(mqtt_topic, payload.c_str());
    }
    mqtt_client.loop();
}
```

(2) 搭载 MAX30102 传感器的 ESP32 代码：

```
#include <Wire.h>
#include "MAX30105.h"
#include "spo2_algorithm.h"
#include <WiFi.h>
#include <PubSubClient.h>
const char * ssid = "wiotlab";              //连接 Wi-Fi 名称(根据实际情况进行替换)
const char * passphrase = "12345678";        //连接 Wi-Fi 的密码
//MQTT 代理设置
const char * mqtt_broker = "192.168.137.67"; //本地计算机的 IP 地址
const char * mqtt_topic = "max30102";        //自定义的 MQTT 主题
const int mqtt_port = 1883;                  //MQTT 端口
WiFiClient espClient;
```

```
PubSubClient mqtt_client(espClient);
MAX30105 particleSensor;
#define MAX_BRIGHTNESS 255
byte pulseLED = 11;
byte readLED = 13;
#if defined(__AVR_ATmega328P__) || defined(__AVR_ATmega168__)
uint16_t irBuffer[100];
uint16_t redBuffer[100];
#else
uint32_t irBuffer[100];
uint32_t redBuffer[100];
#endif

int32_t bufferLength;
int32_t spo2;
int8_t validSPO2;
int32_t heartRate;
int8_t validHeartRate;
void connectToMQTT() {
  while (!mqtt_client.connected()) {
    String client_id = "esp32-client-";
    client_id += String(WiFi.macAddress());
    Serial.printf("Connecting to MQTT broker with client ID: %s\n", client_id.
c_str());
    if (mqtt_client.connect(client_id.c_str())) {
      Serial.println("Connected to MQTT broker");
    } else {
      Serial.print("Failed with state ");
      Serial.print(mqtt_client.state());
      delay(2000);
    }
  }
}
void setup() {
  Serial.begin(115200);
  WiFi.begin(ssid, passphrase);
  if (!particleSensor.begin(Wire, I2C_SPEED_FAST)) {
    Serial.println(F("MAX30102 was not found. Please check wiring/power."));
    while (1);
  }
  Serial.println(F("Starting data collection..."));
  byte ledBrightness = 60;
  byte sampleAverage = 4;
```

```
  byte ledMode = 2;
  byte sampleRate = 100;
  int pulseWidth = 411;
  int adcRange = 4096;
  particleSensor.setup(ledBrightness, sampleAverage, ledMode, sampleRate,
pulseWidth, adcRange);
  while (WiFi.status() != WL_CONNECTED) {
    delay(500);
    Serial.print(".");
  }
  Serial.println("\nWiFi connected.");
  Serial.print("IP address: ");
  Serial.println(WiFi.localIP());
  mqtt_client.setServer(mqtt_broker, mqtt_port);
  mqtt_client.setKeepAlive(60);
  connectToMQTT();
}
void loop() {
  bufferLength = 100;
  for (byte i = 0; i < bufferLength; i++) {
    while (particleSensor.available() == false)
      particleSensor.check();
    redBuffer[i] = particleSensor.getRed();
    irBuffer[i] = particleSensor.getIR();
    particleSensor.nextSample();
  }
  maxim_heart_rate_and_oxygen_saturation(irBuffer, bufferLength, redBuffer,
&spo2, &validSPO2, &heartRate, &validHeartRate);
  while (1) {
    for (byte i = 25; i < 100; i++) {
      redBuffer[i - 25] = redBuffer[i];
      irBuffer[i - 25] = irBuffer[i];
    }
    for (byte i = 75; i < 100; i++) {
      while (particleSensor.available() == false)
        particleSensor.check();
      digitalWrite(readLED, !digitalRead(readLED));
      redBuffer[i] = particleSensor.getRed();
      irBuffer[i] = particleSensor.getIR();
      particleSensor.nextSample();
      if (spo2 <= 100 && spo2 > 0) {
        Serial.print(F(", HR="));
        Serial.print(heartRate);
```

```
        Serial.print(F(", SPO2="));
        Serial.println(spo2);
        if (mqtt_client.connected()) {
          String payload = "";
          payload += String(heartRate);
          payload += ",";
          payload += String(spo2);
          mqtt_client.publish(mqtt_topic, payload.c_str());
        }
        mqtt_client.loop();
      }
    }
    maxim_heart_rate_and_oxygen_saturation(irBuffer, bufferLength,
  redBuffer, &spo2, &validSPO2, &heartRate, &validHeartRate);
  }
}
```

打开 Arduino IDE 软件,选择 File→New Sketch 命令创建 Arduino 项目,输入上述步骤(1)的代码并按 Ctrl+S 组合键保存代码(保存位置和名字可根据实际情况选择)。选择开发板 Tools→Board→esp32→ESP32 Dev Module 命令,单击☑图标进行代码验证,若代码无误则在 Output 窗口会出现.**Code in flash**(**default,ICACHE_FLASH_ATTR**)等提示信息。利用 USB 线连接 ESP32 开发板和计算机 USB 接口,Arduino 软件选择端口(在菜单中选择 Tools→Port 命令)。串口正常选择后,单击➡图标烧写代码至 ESP32 开发板。

同理,打开 Arduino IDE 软件,选择 File→New Sketch 命令创建 Arduino 项目,输入上述步骤(2)的代码并按 Ctrl+S 组合键保存代码(保存位置和名字可根据实际情况选择)。选择开发板 Tools→Board→esp32→ESP32 Dev Module 命令,单击☑图标进行代码验证,若代码无误则在 Output 窗口会出现. **Code in flash**(**default,ICACHE_FLASH_ATTR**)等提示信息。利用 USB 线连接另一块 ESP32 开发板和计算机 USB 接口,Arduino 软件选择端口(在菜单中选择 Tools→Port 命令)。串口正常选择后,单击➡图标烧写代码至 ESP32 开发板。

15.3.4 实测展示

由于实验中 ESP32 和计算机采用 Wi-Fi 进行数据交互,需保证计算机与两块 ESP32 连接在相同的无线局域网中。有关无线路由器配置可参考第 10 章。为便于描述,设定无线局域网为 192.168.1.0/24,计算机与无线路由器通过网线相连且设置为固定 IP 地址:192.168.1.254/24。

为便于实验展示,Mosquitto 代理(15.3.1 节已启动)和上位机软件(pulse.exe)运行在相同的计算机中,且上位机软件已固定 MQTT 主题为 **PPG_test**,且代理地址设置为本地回环地址(127.0.0.1)。

确认所有配置无误后,打开上位机软件,并连接代理,可以看到图 15.13(a)所示的软件界面上显示"已连接 broker"(若出现"连接失败",则需要检查 Mosquitto 代理是否开启)。接着,将两块搭载了传感器的 ESP32 开发板连接电源,稍等片刻可以看到上位机软件能够正确接收和展示数据,如图 15.13(b)所示。

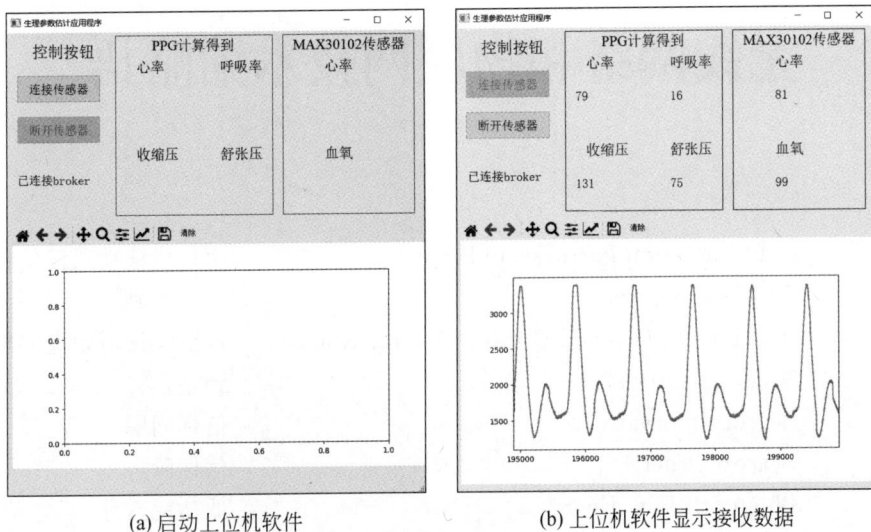

(a) 启动上位机软件 　　　　　　　　(b) 上位机软件显示接收数据

图 15.13　上位机软件

15.4　扩展练习

本实验展示了组建无线体域网,进行生理健康数据采集的完整过程,包括 ESP32 读取传感器数据并发布到特定 MQTT 主题、Mosquitto 代理搭建、上位机软件接收并展示数据。读者可在本实验基础上进行扩展,例如:

(1) 在获取的 PPG 信号基础上,利用开源的 HeartPy/NeuroKit2(网址见附录 B 说明和"无线网络技术教学研究平台")计算心率、呼吸率、心率变异率等,并进行分析讨论;

(2) 在获取的 PPG 信号基础上,设计和实现深度学习模型估计血压和血糖值,并进行数据集构建、模型评价等。

参 考 文 献

[1] 叶青,章祎枫,沙金亮,等.基于光电容积脉搏波的无创血压连续测量研究进展[J].科学技术与工程,2024,24(5):1756-1774.

[2] 权学良,曾志刚,蒋建华,等.基于生理信号的情感计算研究综述[J].自动化学报,2021,47(8):1769-1784.

[3] 吴佳泽,梁昊,陈明.基于卷积神经网络—长短期记忆神经网络模型利用光学体积描记术重建动脉血压波信号[J].生物化学与生物物理进展,2024,51(2):447-458.

附录 A

无线网络和物联网技术缩略语

3GPP	3rd Generation Partnership Project	第 3 代移动通信伙伴计划
AC	Access Categories	接入类别
AODV	Ad Hoc On-Demand Distance Vector Routing	自组织按需距离向量路由
AoA	Angle of Arrival	到达角
BI	Beacon Interval	信标间隔
BO	Beacon Order	信标阶
BLE	Bluetooth Low Energy	低功耗蓝牙
BS	Base Station	基站
CBF	Constrained Border Forwarding	受限边界转发
CSMA/CA	Carrier Sense Multiple Access with Collision Avoid	载波侦听多路访问/冲突避免
CGSR	Cluster-head Gateway Switch Routing	簇头网关交换路由
CFR	Channel Frequency Response	信道频率响应
CN	Core Network	核心网
CSI	Channel State Information	信道状态信息
CTS	Clear To Send	清除发送
C-V2X	Cellular V2X	基于蜂窝的无线车联网
CW	Contention Window	竞争窗口
D2D	Device to Device	设备到设备
DCF	Distributed Coordination Function	分布式协调功能
DIFS	DCF InterFrame Space	DCF 帧间间隔
DoS	Denial of Service	拒绝服务
DSDV	Destination-Sequenced Distance-Vector Routing	目标序列距离向量路由
DSR	Dynamic Source Routing	动态源路由
DSRC	Dedicated Short-Range Communication	专用短程通信
EDCA	Enhanced Distributed Channel Access	增强型分布式信道访问
eMBB	enhanced Mobile Broadband	增强型移动宽带
EPC	Evolved Packet Core	演进分组核心

FFD	Full Function Device	全功能设备
GPSR	Greedy Perimeter Stateless Routing	贪婪周边无状态路由
GNSS	Global Navigation Satellite System	全球导航卫星系统
IFS	InterFrame Space	帧间间隔
IoV	Internet of Vehicles	无线车联网
HCF	Hybrid Coordination Function	混合协调功能
HCCA	HCF Controlled Channel Access	HCF 控制的信道访问
ISM	Industrial Scientific Medical Band	工业科学医疗频段
LoRa	Long Range Radio	长距离无线电
LoRaWAN	Long Range Wide Area Network	长距离广域网
LR-WPAN	Low Rate WPAN	低速无线个域网
MME	Mobility Management Entity	移动管理实体
mMTC	massive Machine Type Communication	大规模机器类型通信
MQTT	Message Queuing Telemetry Transport	消息队列遥测传输
NAV	Network Allocation Vector	网络分配向量
NFC	Near Field Communication	近场通信
NS-2	Network Simulator Version 2	网络仿真器 V2
OBU	On-Board Unit	车载单元
OFDM	Orthogonal Frequency Division Multiplex	正交频分复用
OLSR	Optimized Link State Routing	优化链路状态路由
PAN	Personal Area Network	个域网
PCF	Point Coordination Function	点协调功能
PDN	Public Data Network	公共数据网络
PGW	Packet Data Network Gateway	数据包网络网关
PIFS	Point Coordination Function InterFrame Space	点协调功能帧间间隔
PMR	Partitioning Multicast Routing	分区多播路由
POS	Personal Operating Space	个人操作空间
PSNR	Peak Signal to Noise Ratio	峰值信噪比
QoS	Quality of Service	服务质量
RFD	Reduced Function Device	精简功能设备
RFID	Radio Frequency Identification	射频识别
RSU	Road Side Unit	路侧单元
RTS	Request To Send	请求发送
RSS	Received Signal Strength	接收信号强度
SD	Superframe Duration	超帧持续时间
SGW	Serving Gateway	服务网关
SIFS	Short InterFrame Space	短帧间间隔
SL	SparkLink	星闪

SO	Superframe Order	超帧阶
UE	User Equipment	用户设备
TDoA	Time Difference of Arrival	到达时间差
ToA	Time of Arrival	到达时间
uRLLC	ultra Reliable Low Latency Communication	超可靠低时延通信
V2X	Vehicle to Everything	车辆与万物
WBAN	Wireless Body Area Network	无线体域网
WPAN	Wireless Personal Area Network	无线个域网
WSN	Wireless Sensor Network	无线传感网
ZRP	Zone Routing Protocol	区域路由协议

附录 B

Appendix B

配套电子资源指南

本书各章实验相关的操作说明、实验系统镜像、实验视频、实验拓扑、源码文件、演示动画等见配套电子资源,请到清华大学出版社网站查找本书,或在"无线网络技术教学研究平台"(http://www.thinkmesh.net/wireless/)下载。

各实验需输入和运行不同的程序,"无线网络技术教学研究平台"中提供所有相应源代码文件,便于读者学习使用。

各章正文中涉及的所有网址(包括软件工具、代码来源、文献来源及相关软硬件产品官网)均在"无线网络技术教学研究平台"中逐一提供,并将及时更新。

本书实验所用软件环境主要涉及开放平台(如 NS2、NS3 等),如有其他软件,读者应从合法渠道获得。

书中各实验需配合使用相应的硬件器材,具体在各章中均已详细介绍,主要为低成本的国产器材。读者可自备器材,自行搭建实验环境。

考虑到一方面读者在操作实验时,可能因软硬件版本适配问题遇到不同的困难,另一方面,教材各章成文和编辑过程中也可能存在差错,会对读者实验操作造成不利影响。对此,我们将会不断搜集读者遇到的问题和教材中的各种差错,将对策和勘误发布到"无线网络技术教学研究平台"中,敬请读者及时关注。

图书资源支持

感谢您一直以来对清华版图书的支持和爱护。为了配合本书的使用，本书提供配套的资源，有需求的读者请扫描下方的"书圈"微信公众号二维码，在图书专区下载，也可以拨打电话或发送电子邮件咨询。

如果您在使用本书的过程中遇到了什么问题，或者有相关图书出版计划，也请您发邮件告诉我们，以便我们更好地为您服务。

我们的联系方式：

清华大学出版社计算机与信息分社网站：https://www.SHUIMUSHUHUI.com/

地　　址：北京市海淀区双清路学研大厦 A 座 714

邮　　编：100084

电　　话：010-83470236　010-83470237

客服邮箱：2301891038@qq.com

QQ：2301891038（请写明您的单位和姓名）

资源下载：关注公众号"书圈"下载配套资源。

资源下载、样书申请

图书案例

书 圈

清华计算机学堂

观看课程直播